NHKスペシャル人体 II

遺伝子

NHKスペシャル
「人体」取材班・編

医学書院

NHK スペシャル
人体Ⅱ　遺伝子
発　行　2020年 9 月15日　第1版第1刷
編　者　NHK スペシャル「人体」取材班
発行者　株式会社　医学書院
代表取締役　金原　俊
〒113-8719　東京都文京区本郷 1-28-23
電話　03-3817-5600(社内案内)
印刷・製本　三美印刷
ISBN978-4-260-04244-4

NHK スペシャル人体 II　遺伝子

はじめに

NHKスペシャルが新型コロナウイルスについて最初に報じたのは、2020年2月初旬のことでした。そこからわずか1か月足らずの間に、人類の歴史に爪痕を残すような感染の猛威が世界中を襲いはじめました。私たちは仲間の制作スタッフと力を合わせ、毎週のように新型コロナウイルスに関する最新情報を伝え続けました。そしてこの「はじめに」を執筆している7月現在、国内の感染者数が再び増加傾向に転じ、社会全体が不安な日々を過ごしています。

本書のベースとなるNHKスペシャル『シリーズ「人体」Ⅱ　遺伝子』が放送されたのは、2019年5月のこと。まさか1年後にこのような世界が訪れようとは、知るよしもありませんでした。果たして最先端の科学や医学は、この感染症をどう克服するのか……。その難問に挑むための手がかりとして期待を寄せられているのが、まさに本書で取り上げている遺伝子研究の最前線の成果なのです。本書内に登場する研究のすべてが、新型ウイルスへの対抗策と密接に関連しているといっても過言ではありません。研究現場では、新型コロナウイルスの正体を知り、克服していくための治療を確立するために、日夜、必死の分析が続けられています。

その例をご紹介しましょう。シリーズ「人体」のスタッフを総動員して制作したNHKスペシャル『タモリ×山中伸弥　人体VSウイルス』(2020年7月4日放送)では、遺伝子研究の取材経験をもとに、ある特別な治療法に注目しました。それは、新型ウイルスに感染し、回復した人の血液に含まれる「中和抗体」を取り出し、患者に注入する治療法です。新型コロナウイルス感染症から回復した患者149人の血液に含まれる抗体を詳しく分析した結果、体内でつくられた抗体の量は人によってさまざまで、中には平均の10倍以上の量をつくり出せる人も存在していることがわかりました。一部の人が大量につくり出す強力な抗体は、新型コロナウイルスに対抗できる、実に優れた武器になると考えられています。そしてその背景には、本書で詳しく説明する"ヒーローDNA"が関係している可能性が指摘されています。

もう一つ。『タモリ×山中伸弥　人体VSウイルス』の番組では、新型コロナウイルスが、私たちの身体に備わった「自然免疫」の防御を突破する力をもっていることをお伝えしました。ウイルスに感染した細胞は、「敵が来たぞ！」というメッセージ物質(インターフェロン)を発して、仲間の免疫細胞に危険を伝え防戦します。ところが新型コロナウイルスには、そのメッセージ物質のはたらきを抑え込む力があるのです。この狡猾な手口には、ウイルス自身の遺伝子が関わっている可能性が浮かび上がります。さらには、その遺伝子の変異を追跡した結果、免疫のしくみを抑え込む能力が強化された新型コロナウイルスが出現している可能性も指摘されています。遺伝子研究という強力なツールを手にした人類は、複雑で神秘的ともいえる“命のしくみの神髄”に迫り、医学や医療をさらに大きく前進させようとしています。こうした研究が、終わりの見えないパンデミックをどう打開していくのか。研究者たちは正念場を迎えています。

本書の原稿は、NHKスペシャルの大型科学番組シリーズのリサーチに長年携わり、CGのディレクションも手がけてきた坂元志歩さんが、番組ディレクターの協力を得て執筆しました。番組では紹介しきれなかった最先端の情報も数多く含まれています。中でもワクワクするのは、「エピジェネティクス」というしくみを解説するくだり。DNAのもつしくみが地球生命の進化にどう関わってきたかについて、胡桃坂仁博士の刺激的な考えを紹介しています。生命の祖先は、まずRNAを遺伝情報として利用した生命が誕生して「RNAワールド」をつくり、その後に、DNAを遺伝情報とする生命が誕生して「DNAワールド」をつくり出しました。さらに、真核生物の段階において「クロマチンワールド」という新しいステージを獲得。人体は、そのしくみの制御を可能にする初めての生物になるかもしれないというのです。

くしくも、前述した『タモリ×山中伸弥　人体VSウイルス』の番組の中でも、“DNAと進化”についての話題が盛り上がりを見せました。ウイルスには、私たちの細胞に感染したときに自らの遺伝子を私たちのDNAへ組み込んでしまう種類のものがいます。実に、私たちのDNAの約8%がそうした種類のウイルス由来だというのです。たとえば、哺乳類が母親のお腹で一定期間子どもを成長させるために獲得した「胎盤」を形づくるのに大切なDNAはウイルス由来のものです。そして、脳が長い期間にわたって物事を覚える「長期記憶」に欠かせないDNAもウイルス由来。精子と卵子が一つになり、新しい命を生み出す「受精」に、ウイルスの遺伝子が利用されている可能性も指摘されています。生命の40億年にも及ぶ進化の歴史を、遺伝子研究がどこまで紐解いてくれるのか。興味は尽きません。

今を、冷静に、深く知るために、
そして、命をめぐる摂理を豊かに学ぶために、
この遺伝子の世界を分かりやすく伝え続ける必要があると、
改めて感じています。

NHKスペシャル　シリーズ「人体」制作統括　　浅井健博

Stephen B.

目次

第1集
あなたの中の宝物
“トレジャーDNA”

part

1

ゲノム解析の進歩がひらく新しい生物学の扉

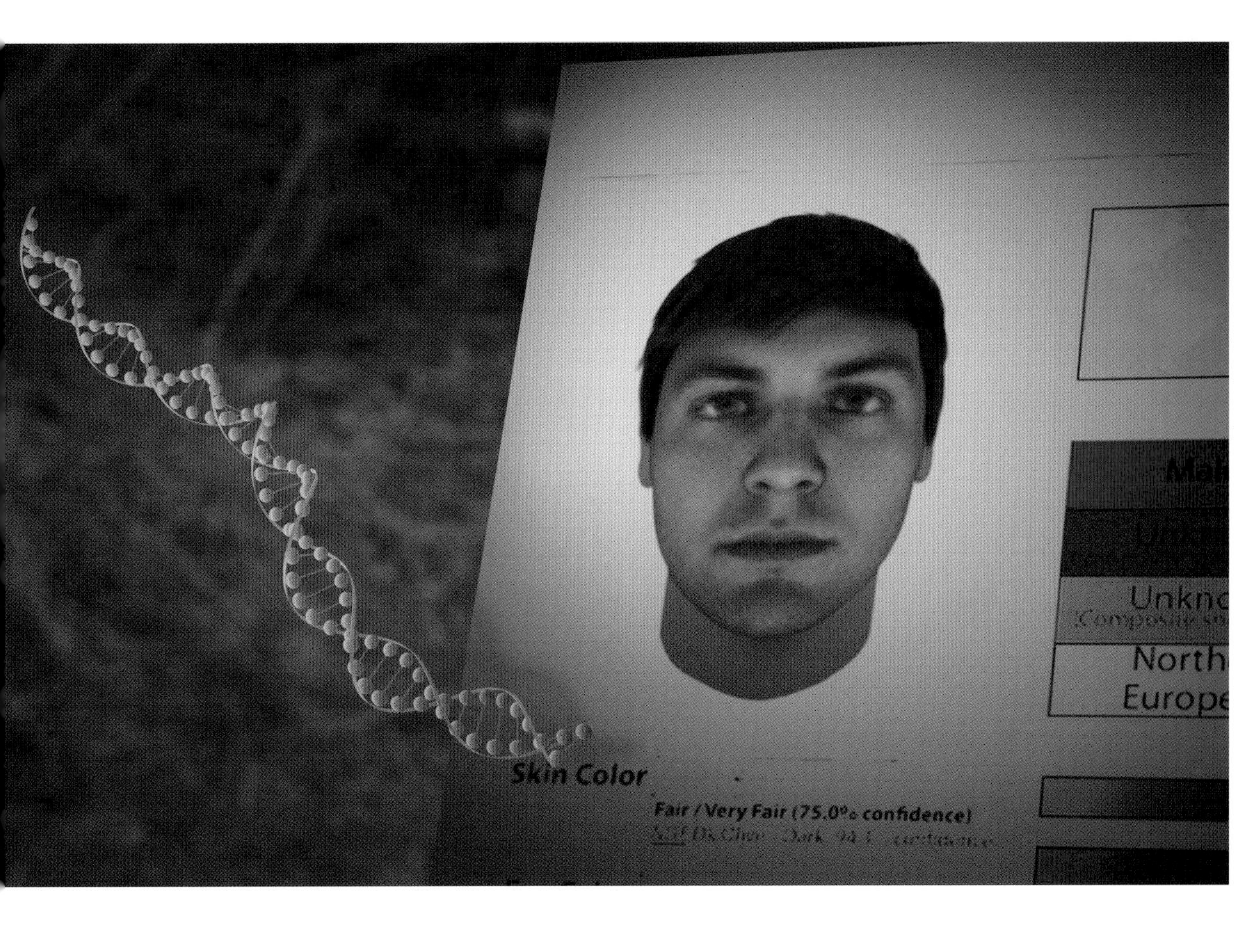

事件現場に残されたDNAからシミュレーションされた顔は、
捜査線上に挙がっていた容疑者とはまったく異なる特徴をもっていた。
この顔モンタージュ画像によって、凍結状態だった未解決事件の歯車が
再び動き出し、犯人逮捕へとつながった。

DNAをめぐるテクノロジーは、私たちの生活へ静かに浸透している。
こうした背景には、DNA解析技術の進歩、情報技術（IT）の革新とともに
DNAそのものの理解が深まったことにある。

バイオテクノロジー（BT）とIT、この二つの進歩が、これまでゴミとまで
言われていたDNAの中のある領域に光を当てた。
DNAの中にあるおよそ98%の領域。
意味をもたないただの“ジャンク（ゴミ）DNA”と言われてきた領域だ。

遺伝子の神秘を探る旅のはじまりとして、まずはこの“ジャンク”の領域から
どのように“トレジャー（宝物）”が見い出されてきたのか、
その軌跡をたどろう。

track 1:

犯罪捜査

MOSS BLUFF TEEN MURDER

COLD CASE A

Sheriff Tony Mancuso displays the comparison Monday be
and a photo of Blake A. Russell, who was charged with se
crime.

DeQuincy man a

By Emily Fontenot
efontenot@americanpress.com

Authorities have arrested a DeQuincy man for the murder of Sierra Bouzigard, a 19-year-old Moss Bluff woman found dead on the side of John Koonce Road about eight years ago.

Bouzigard's body was found around 7:30 a.m. on Nov. 23, 2009, by a bicyclist on an early morning ride. The cause of death was ruled blunt-force trauma to the head.

Blake A. Russell, 31, 390 Frank St., was charged Monday with second-degree murder after DNA analysis

Bouzigard

samples, Calc
Office release
September 20
Mancuso s
investigator
the killer wa
showed him

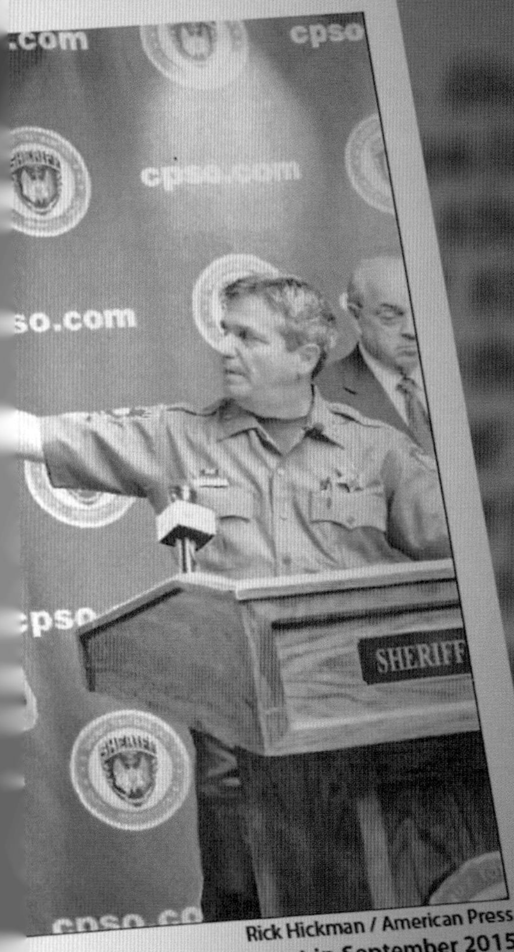

IN 2009

RREST

Rick Hickman / American Press

etch released of a suspect in September 2015
ree murder after DNA analysis tied him to the

sed in slaying

on the sketch. Then about a month ago, a tip pointed them to Russell, who neatly fit the description.

He said investigators observed Russell over the last several weeks and obtained his DNA from a discarded item. The Southwest Louisiana Regional Crime Lab was then able to match the DNA from the object to DNA recovered on Bouzigard's body.

Although Mancuso wouldn't say what led investigators to Russell, he said without the Snapshot profile they might not have found him.

FBIデータベースに犯人は存在しない

2009年11月、アメリカ・ルイジアナ州で19歳の少女シェラ・ブジガードさんが殺害される事件が起きた。現場からはキャンディの包み紙、タバコの吸い殻、ビーチサンダルなどが押収された。さらに彼女の小さな爪には犯人のものと思われる皮膚組織が残されており、そこからDNAも採取されていた。DNAは犯人特定の鍵となる。なぜなら、私たちはみな一人ひとりが違ったDNAをもっており、DNAを照らし合わせることで個人の特定ができるからだ。

警察の初動捜査では前日の夜に被害者と一緒にいた男性に対してDNA検査が行われたが、現場で採取されたDNAとは一致しなかった。

犯人が逮捕された当時の新聞記事。

被害者の少女の遺体は、アメリカ・ルイジアナ州のレイクチャールズ近郊で発見された。

さらに警察は「CODIS（combined DNA index system）」とよばれるDNAのデータベースにアクセスし、これまでに収集されてきたDNAデータとの照合を行った。CODISはFBIによって設計されたプログラムで、暴力事件や行方不明者を探すために構築されている。

DNAを採取して個人の識別に用いる「DNAプロファイリング」という方法は、1985年にイギリス・レスター大学教授のアレック・ジェフリーズ博士が、イギリスへの移民審査としてガーナ人の少年の出自を調べるために利用しはじめて以来、現在では世界各国で採用されている。もちろん日本も例外ではなく、2005年にDNAのデータベース化を開始している。DNAを利用したこうしたテクノロジーは私たちの気づかないところで確実に生活の一部へと紛れ込んでいる。

さて、CODISの検索の結果はどうだったか？　――やはり現場のDNAと一致するものは見つからなかった。ほかの手がかりも途絶えてしまい、事件は迷宮入りかと思われた。

事件が急展開を迎えたのは5年後。そのきっかけとなったものこそが、DNAから得られた情報で持ち主の顔を再現することができる「DNA顔モンタージュ」のテクノロジーだった。被害者の爪から採取されたDNAは、アメリカ・バージニア州にあるパラボン・ナノラブス社に送られた。同社が開発した「DNA Snapshot」というサービスを利用するためだ。

その結果は、警察が想定していた人物プロファイリングを大きく裏切るものだった。DNA顔モンタージュによって浮かび上がった犯人の顔は、これまで容疑者としてリストアップされた誰とも似ていない、白人男性のものであった。このモンタージュ画像を手がかりとして、5年以上凍結状態だった捜査の歯車が再び動き出した。警察はテレビでモンタージュ画像を公開し、現場周辺で再び聞き込みを始めた。対象となりそうな白人男性には声をかけ、DNA検査を受

捜査の責任者であったトニー・マンクーソ保安官は、現場に残されたDNAから作成された顔モンタージュ画像を手がかりに市民に呼びかけを行った。「このDNA顔モンタージュの技術がなかったら、私たちは今でも犯人を探していたと思います」と語る。

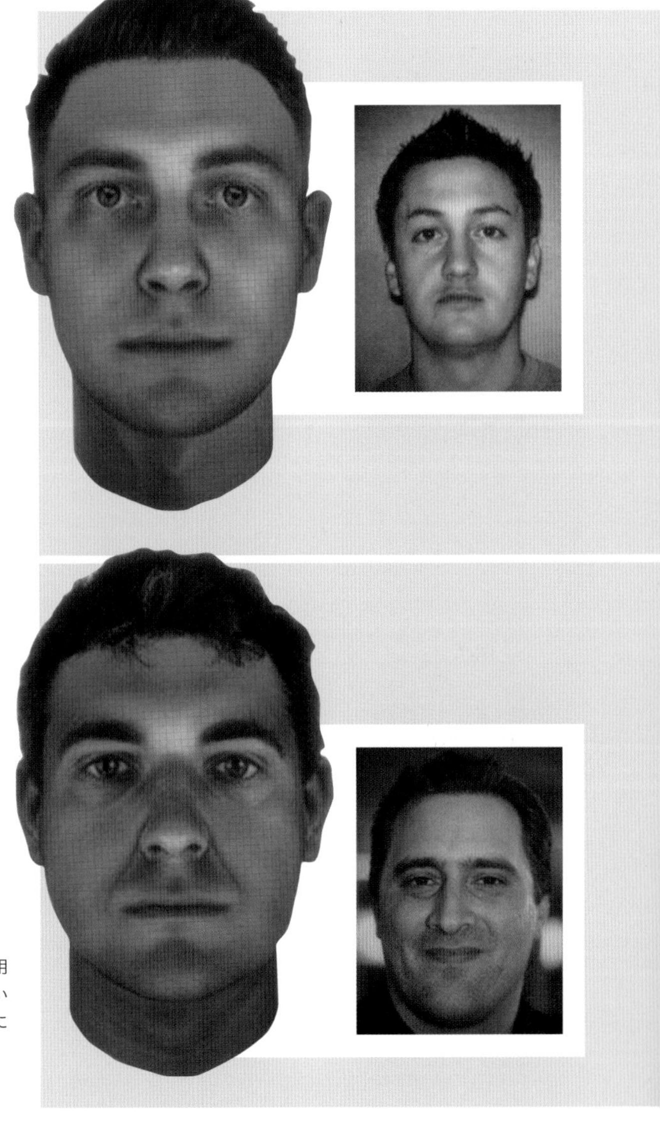
顔モンタージュ技術が利用されて犯人逮捕に結びついたケースは、全米ですでに20件以上にのぼる。

けてくれるよう粘り強く頼み込んだ。「あなたが犯人ではないのなら、検査を受けても問題ありませんよね？」

そしてDNA顔モンタージュの結果が出てから3年、事件発生時から数えて8年を経て、犯人はついに逮捕された。モンタージュ画像を手がかりとした地道な捜査によって、現場で押収されたDNAと完全に一致する人物が見つかり、未解決だった事件の真相がようやく明らかになったのだ。

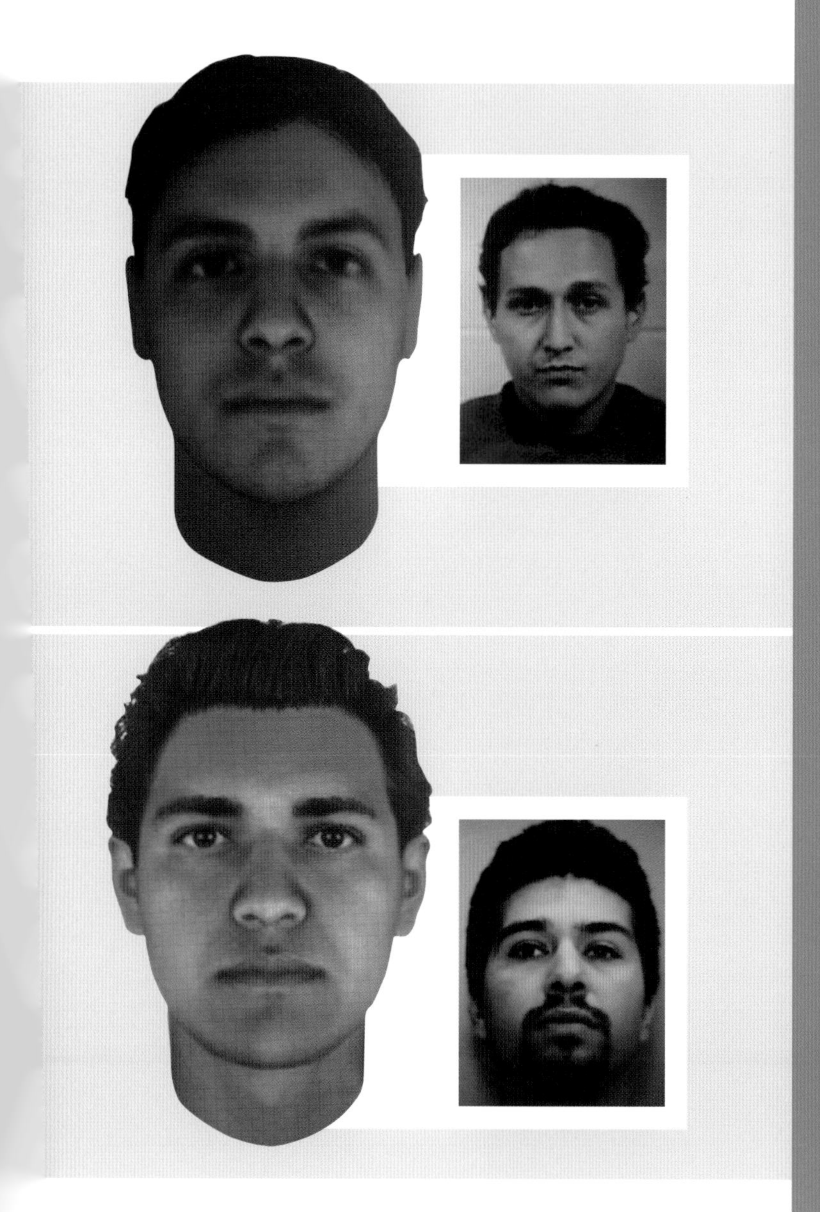

focus on

DNAとアート

DNA顔モンタージュ技術の一風変わった使用法として、アメリカのアーティスト、ヘザー・デューイ・ハグボーグ氏による『Stranger Visions』というアート作品がある。この作品は、ニューヨーク市の路上に落ちていたタバコの吸い殻やガムなどに残されていたDNAから顔をシミュレーションし、3Dプリンタで復元するという方法で作られたものだ。

DNA解析技術が進歩した現代社会では、何気ない行動をしただけでもDNAデータという最大の個人情報が漏洩するリスクをはらむことになる。DNAとプライバシーの問題に鋭く切り込んだ彼女の作品は、世界各国で大きな反響を呼んでいる。

写真：『Stranger Visions』
（作：ヘザー・デューイ・ハグボーグ／写真提供：Peter Macadiarmid）

track 2:

DNAと遺伝子

2%の遺伝子と98%の“ジャンク”

DNAを解析した情報をもとに精巧な顔モンタージュを作成する技術。なぜこうした技術が可能なのか。それは個人がもつすべての遺伝情報、つまり「ゲノム」の規則性を読み解くことで、細かい顔の特徴の再現ができるようになってきたからだ。そのことこそが、ゲノム上のある領域、そう、“ジャンク”とよばれていた領域が、研究者たちの注目を集めるようになったことに深く関連している。

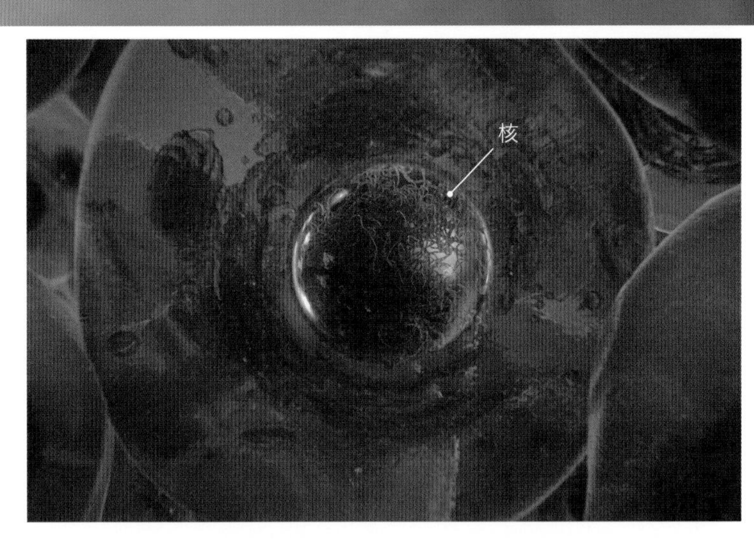

DNAは細胞の中の核とよばれる場所に存在している。

DNAは二重らせん構造をしている。この画像はその二重らせん構造を解析し、実際の形に近づけて再現したCGである。

本題に入る前に、少し基礎知識の確認をしておこう。そもそもDNAとは、「デオキシリボ核酸（deoxyribonucleic acid）」という物質の名前の略称だ。私たちヒトの身体は約40兆個の細胞からできているが、DNAは主に細胞の中の「核」とよばれる場所に存在している。このDNAという物質は、大きく「リン酸」「糖（デオキシリボースという）」「塩基」の3つの部分が結合することによってできている。さらに、塩基には「アデニン（A）」「チミン（T）」「グアニン（G）」「シトシン（C）」という4つの種類があり、この4種類の塩基の並び方（「塩基配列」という）によって、顔立ちや体質などをはじめとした私たちの個性を形づくるさまざまな特徴が決められている。

DNAが2本の鎖が結合した二重らせん構造になっていることは、有名な話なので聞いたことがあるかもしれない。DNAは、「A」「T」「G」

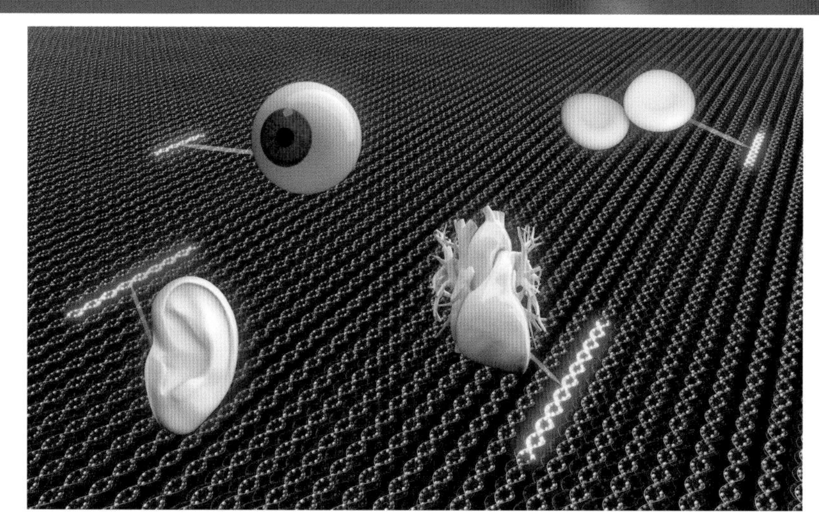

遺伝子（青色で示した部分）は、目や耳や心臓や血液などをつくるための設計図の役割を果たしている。残りの98%の役割は、長い間謎であった。

「C」の塩基を内側にして、2本の鎖が向かい合うように結合することで二重らせん構造を形づくっている。よく「ゲノム」という言葉を聞くと思うが、ゲノムとは、ペアになったDNAの2本鎖に含まれるすべての塩基配列のことを指している。

さて、このゲノムの中には役割のよく知られた2%の領域がある。この2%の領域は、目や耳や心臓など私たちの身体をつくる材料であり、生命活動を成り立たせる上で重要な物質であるタンパク質をつくるための情報をもった塩基配列のことだ。この領域は「遺伝子」とよばれている[1]。たとえば髪の毛については、100以上の遺伝子が関わっていることがわかっている。

それでは、タンパク質をつくるための情報をもたない、遺伝子以外の残りの98%の領域はいったいどのような役割を果たしているのだろうか？　実は長らく、この98%の領域は役割が不明で意味をもたない領域だと考えられ、“ジャンク（ゴミ）”だとさえ言われてきた。ところが近年、解析技術の飛躍的な進歩によってより高精度にゲノムの規則性を読み解くことが可能になり、状況は一変した。現在、この“ジャンク”と言われていた未知の領域[2]に、世界各国の研究者が熱いまなざしを向けつつあるのだ。

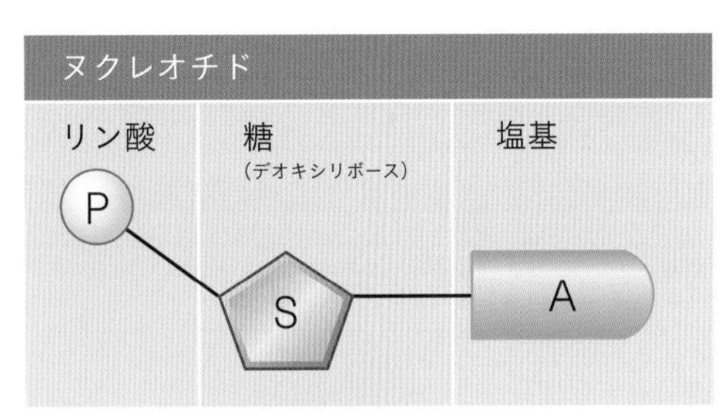

DNAは、「リン酸」「糖（デオキシリボース）」「塩基」の3つの部分が結合してできている。また、塩基には、「アデニン（A）」「チミン（T）」「グアニン（G）」「シトシン（C）」の4つの種類がある

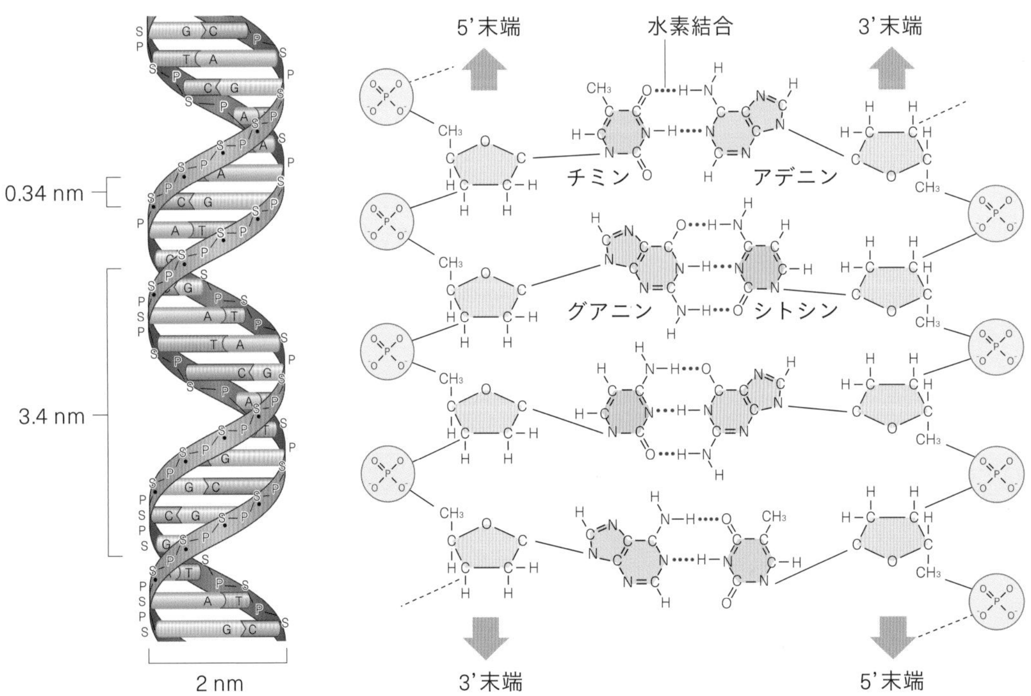

DNAは二重らせん構造である。塩基を内側にして2本の鎖が向かい合っている

1: 遺伝子の定義には諸説あるが、ここではタンパク質をつくるための情報をもつ「コード領域」を指す。
2: ここでは、タンパク質をつくるための情報をもたない「非コード領域」を指す。

focus on

細胞の構造

私たちヒトの身体は、約40兆個という膨大な数の細胞でできている。すべての細胞は外側が細胞膜という膜に包まれて独立していて、その細胞膜の内部は「核」と「細胞質」に分けられる。

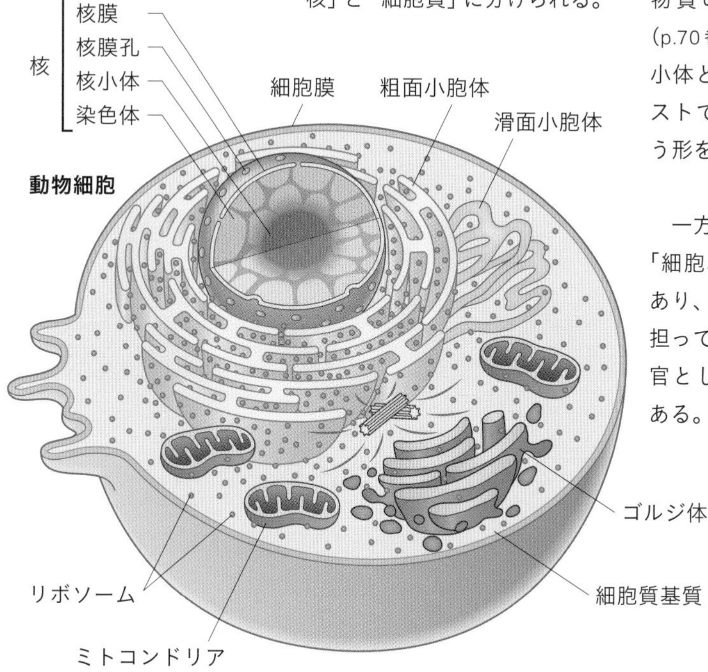

核

核にはDNAが含まれている。外側に核膜があり、核膜には小さな穴が無数に空いている。この穴を核膜孔といい、ここから物質のやりとりが行われる(p.70参照)。核の内部には、核小体とDNAがある。このイラストでは、DNAが染色体という形をとっている。

一方、細胞質にはさまざまな「細胞小器官」という構造体があり、それぞれ決まった役割を担っている。代表的な細胞小器官として以下のようなものがある。

ミトコンドリア

ミトコンドリアは呼吸に関わる細胞小器官で、酸素を使って生物のエネルギー源であるATPという物質を大量につくり出している。外膜と内膜という二重の膜をもっている。

小胞体

小胞体は核膜とつながった膜からできていて、物質の合成と輸送の役割を担っている。小さな粒状のもの(リボソーム)が結合した小胞体を粗面小胞体といい、リボソームが結合していない小胞体を滑面小胞体という。

ゴルジ体

ゴルジ体は、扁平な袋状の膜が重なってできている。小胞体から受け取った物質を加工する工場のような役割をもつ。

リボソーム

リボソームはアミノ酸をつなぎ合わせてタンパク質をつくる役割を果たしている。リボソームには細胞質に浮遊しているものと小胞体に結合しているものがあり、小胞体に結合しているリボソームがつくったタンパク質は小胞体の中にたくわえられ、ゴルジ体に運ばれることになる。

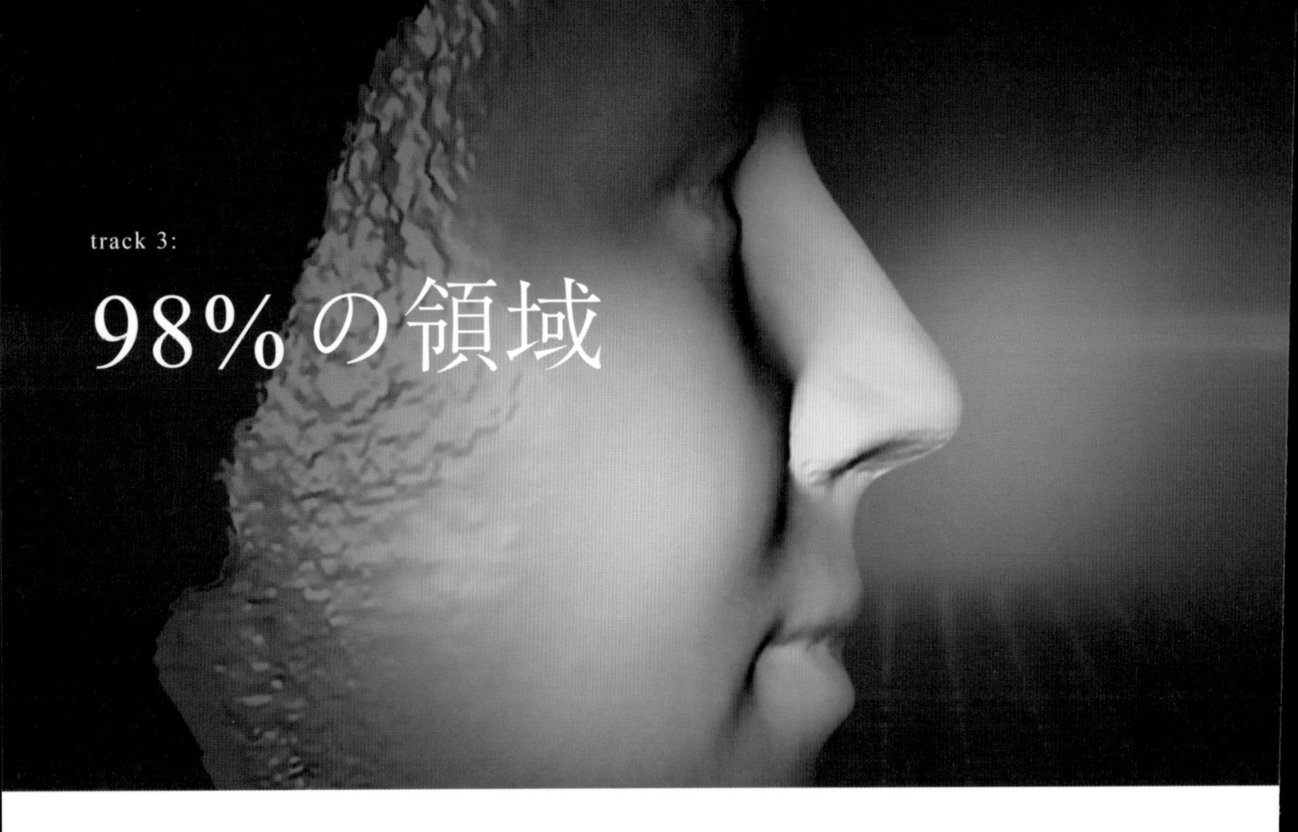

track 3:

98%の領域

DNAの情報から顔を再現する技術

番組で紹介された顔モンタージュ画像は、DNAの2%の領域である遺伝子だけでなく、98%の“ジャンク”領域を解析した情報も加えて作成されたものである。作成したのは、中国科学院教授のタン・クン博士。世界最先端のDNA顔モンタージュ技術の研究者だ。タン博士は、「DNAから顔を形づくる情報を得るには、これまで謎とされてきたDNAの未知の領域の解析が欠かせませんでした」と語った。

DNAを採取する被験者に、綿棒で頬をぬぐってもらう。ぬぐった綿棒には、目には見えないほどわずかな量の頬の細胞がこびりつくことになる。その細胞の中にあるDNAを抽出し、ゲノムの情報を読み取る。「アデニン(A)」「チミン(T)」「グアニン(G)」「シトシン(C)」の4つの塩基の並びが文字のように情報としての役割を果たす。その人のもつ固有のゲノム、いわば60億分の「A」「T」「G」「C」の文字列[1]を読み取り、シミュレーションを行う計算式にかけることで、顔が再現されることになる。

頬の内側をぬぐった綿棒や唾液からDNAが採取できる。

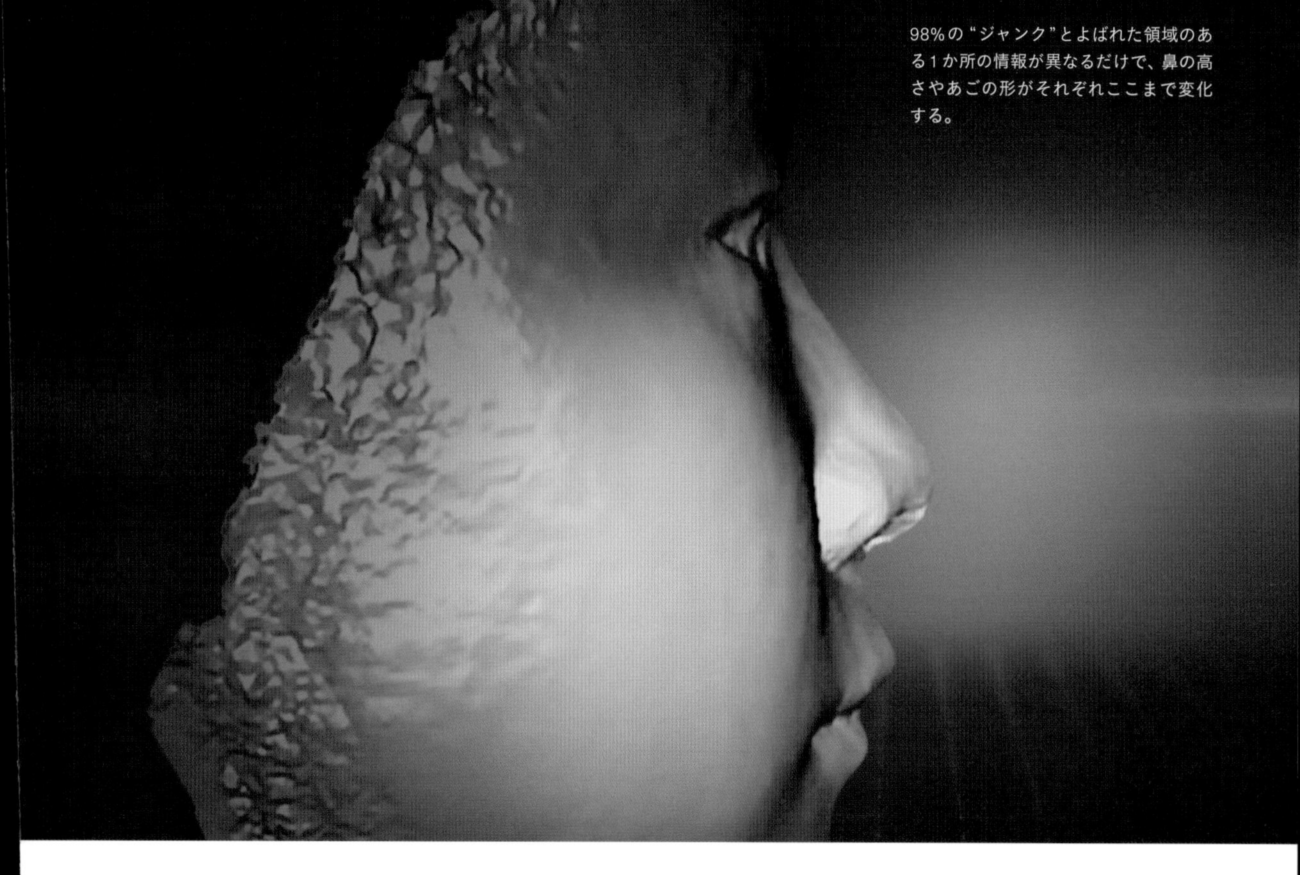

98%の“ジャンク”とよばれた領域のある1か所の情報が異なるだけで、鼻の高さやあごの形がそれぞれここまで変化する。

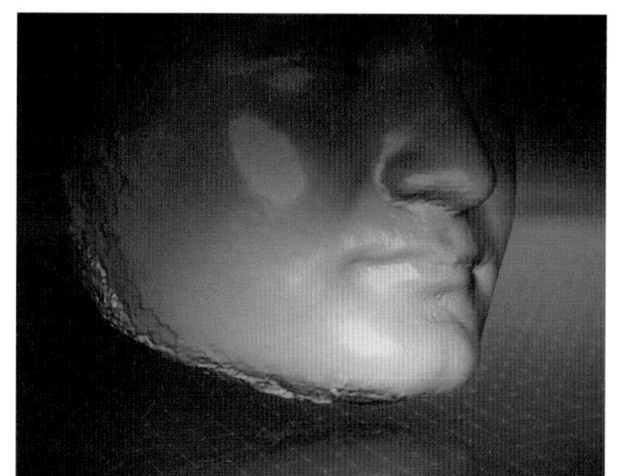

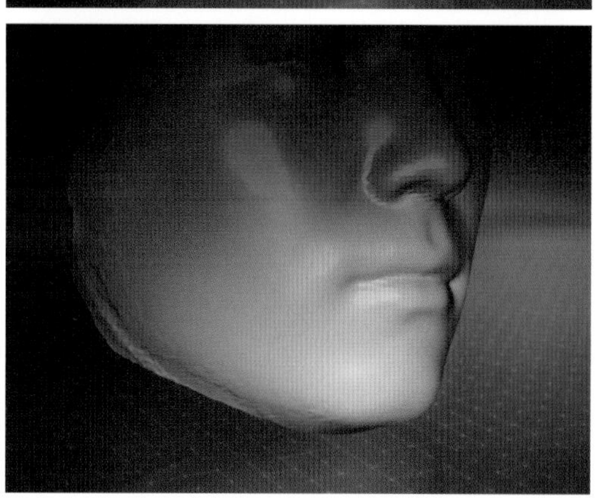

タン博士は、遺伝子の領域の解析だけでは精巧な顔のシミュレーションを行うことは不可能だと考え、98%の領域にも解析の対象を広げた。その結果、ヒトの顔の形に関係した1万以上の膨大な情報がその領域に含まれていることが明らかになったという。たとえば、98%の領域の中のある塩基配列の違いがそれぞれ、目の間隔の幅と相関している例や鼻の高さと強く相関している例が見つかっている。

ヒトのゲノムは世界中どの人間もほとんど同じで、個人差の割合はわずか0.1%ほどに過ぎない。この0.1%の差異によって、私たち一人ひとりの姿かたちや性質に違いが生まれているのだ。

1: ヒトの染色体は23種類46本ある。この46本のDNAに含まれる塩基「A」「T」「G」「C」対は約60億個ある。

そしてその0.1%の差異の塩基配列の中で、ある集団(日本人なら日本人という集団)の中で、1%以上の頻度で1つの塩基が別の塩基に変化している状態を、「一塩基多型(SNP(スニップ):single nucleotide polymorphism)」という(ちなみに1%未満の場合は「突然変異」とよばれる)。0.1%の差異があることによって、ヒトは遺伝的な多様性が保たれているのだ。

タン博士による顔の研究に関して言えば、「rs1868752[1]」というSNPの塩基が、T(チミン)である人の方がG(グアニン)の人よりも目の間隔が狭い。また、「rs118078182」というSNPの塩基がGである人はA(アデニン)の人よりも鼻が高くなるような傾向が見つかっている。ただし、SNPは人種や民族によっても特徴に差が出ることがわかっており、同じ配列の変化であっても異なる結果が現れることもあるという。タン博士はDNAの98%の領域に含まれるこうした情報を集めて解析し、シミュレーションに反映させることで、これまでより精巧な顔モンタージュ画像を作ることに成功したのだ。

上海にある中国科学院教授のタン・クン博士。世界最先端のDNA顔モンタージュ技術の研究者である。

1:「rs+数字」はSNPに振られた番号で、これを示すことでゲノムの配列30億のうちのどの位置のSNPを指しているかがわかるようになっている。

track 4:

テクノロジーとゲノム研究

ジェームズ・ワトソン（右）とフランシス・クリック（左）は、1953年にDNAの二重らせん構造を明らかにした。（写真提供：SPL/PPS通信社）

新しい生物学の扉がひらかれた

DNA顔モンタージュ技術は日進月歩で向上している。その背景にはITの革新を含めたゲノム解析技術の飛躍的な進歩があり、これによって人類学・医学・生物学をはじめとした、ゲノムと関係するあらゆる分野が様変わりしつつある。ゲノムに関するテクノロジーがもたらすものは、私たちの生活の礎（いしずえ）として静かに、かつ、はっきりと広がりつつある。

しかし、ジェームス・ワトソンとフランシス・クリックという2人のアメリカの研究者がDNAの二重らせん構造を明らかにしたのは1953年のことだ。それから60年以上が経った今になって、なぜ大きな変革が起きているのか？　これまでゲノム研究は、基本的にある1つの遺伝子と、その1つの遺伝子が何をもたらすのかという1対1対応の研究が行われてきた。たとえば「*SRY*（*sex-determining region Y*）遺伝子」という遺伝子が存在すると、精巣がつくられ男性の身体になるというように。この場合、生物学の言葉では*SRY*遺伝子は精巣をつくる「表現型（フェノタイプ）」をもつという。1つの遺伝子を壊したり（ノックアウト）、1つの遺伝子を挿入したり（ノックイン）することで、どのような影響が現れるか、そうした表現型を調べるという研究が精力的に行われてきたのだ。

一方、現在関心が高まりつつあるのは、ゲノム全体を1つのまとまりとみなして、全体でどのようなことが起きているのかを知ろうという動きだ。1対1対応の研究が積み上げられ、データが世界で共有され、さらに全ゲノムを解析するテクノロジーを手に入れたことによって、ゲノム研究は大きな転換期を迎えた。

20年ほど前は、ヒト1人分30億の塩基配列を解析するために数千億円もの膨大な金額がかかっていた。ところが現在ではたった10万円台になり、さらに価格は下がり続けている。次世代シーケンサー[1]やDNAマイクロアレイ[2]など、続々と登場した新しいテクノロジーが、解析時間の短縮に大きな役割を果たした結果だ。また、計算科学の発展、つまりビッグデータが扱えるようになったことも大きい。コンピュータの解析能力が飛躍的に高まり、大量の

シミュレーションの精度を高めるために、サンプルを集めマシンラーニングを続けていく。

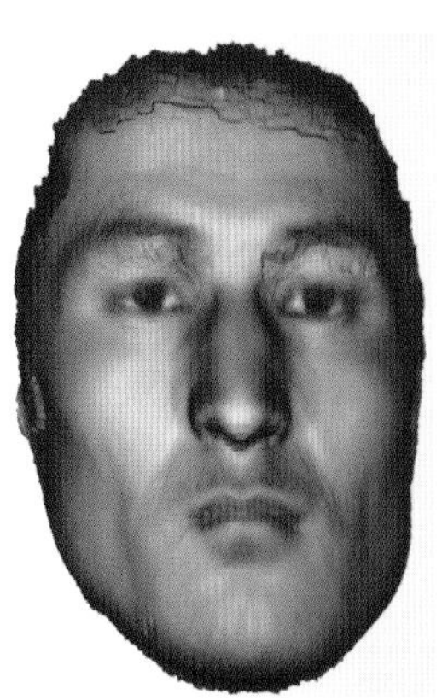

3Dデータで再現されたシミュレーションによる顔（右）と実際の顔（左）。

データ解析が可能になった。これによって、今までとはまったく異なる生物学、むしろ計算科学に近い分野が躍進している。その象徴的な例がDNA顔モンタージュ技術なのだ。

タン博士の研究では、AI（人工知能）の一つである「マシンラーニング（機械学習）[3]」が活用されている。サンプルとなった人びとは中国陳州や台州、ヨーロッパ人を祖先にもつ上海人や新疆ウイグル自治区のウイグル族で、彼らの顔を3Dスキャンし、ドット（点）の集まりで再現する。さらに全ゲノム解析を行って、塩基配列と顔のドット1点、1点との細かい相関、ビッグデータとビッグデータの相関をマシンラーニングで学習させていく。そうすることによって、顔かたちとゲノムの情報を結びつけていくのだ。強力なコンピュータが推し進める科学の典型といっていいだろう。

先ほど述べたように、顔のシミュレーション結果は人種や民族によって特徴に差が出ることがわかっている。まったく同じ配列変化であっても、人種や民族が違うと異なる結果が現れることもある。タン博士は「これはまだ発展途上の技術なのです」と強調していた。今後さらにサンプル数を増やし、マシンラーニングを続けることで、より優れた顔モンタージュ作成が可能になっていくという。

1: 長いDNAを数千万から数億の短い断片に切断し、同時並行で読み込むことができる。この技術により、短時間で膨大な量の塩基配列の解析が可能となった。
2: 遺伝子がどのようにはたらいているか（遺伝子発現）を調べるために、数万から数十万に区切られた基板の上に塩基配列を配置したもの。従来の方法に比べて、短時間で多くの遺伝子発現を解析できるようになった。
3: 大量のデータの中から一定のパターンやルールを導き出し、それを予測や特徴の判別に利用する技術。

part 2

未知の領域に秘められた驚異の能力

——ジャンクと言われていた98%の領域こそが進化を加速する。

この領域の変化によって、さまざまな能力を獲得した人類の例を見ていこう。
その能力は彼ら民族の生きざまそのものだ。

海での暮らしを続けてきたバジャウ、標高4,000 mの高地で暮らす
チベットの人びと。それぞれの民族の祖先が長い歴史の中で選択した
暮らしこそが、DNAの中に新しい可能性を広げた。

世界中に人類が広がることができたのも、“ジャンク”とよばれてきた領域に
ポツンと生じた1点の輝きのおかげ。それこそがいのちの輝きだ。

“トレジャーDNA”がもたらした人類の奇跡を見にいこう。

case 1:
バジャウ

驚異の潜水能力をもつ人びと、バジャウ

青い海に、小さな家々が連なる集落が見える。不思議な光景だ。海の上にぽつんと浮かんだ集落。頼りない板張りの道が、家と家の間をつないでいる。しかしそんな心もとなく見える景色とは裏腹に、そこで暮らす人びとのようすは生き生きとしている。大声を上げながら海で遊ぶ子どもたち。リズムよく魚をさばく女たち。人間のたくましさ、生きる力を感じる光景が広がっている。

バジャウの人びとは海とともに暮らしている。

インドネシアの海に浮かぶバジャウの村。

バジャウの漁師はすぐれた
潜水能力をもつ。10分以上
もの間息つぎなしに潜り続
け、水深60 mを超えて素潜
りすることができる。

このインドネシアの美しい海に暮らす人びとは、バジャウとよばれる海の民だ。先祖代々海の上で暮らしており、漁を生業にしている。インドネシアのみならず、フィリピンやマレーシアにもバジャウの人びとは暮らしている。海から海へ。彼らは長い間、海の上だけで暮らしてきた漂海民だ。

バジャウの人びとは働いている時間の60%以上を海の中で過ごす。彼らの最大の特徴、それは潜水能力にある。なんと彼らは10分以上もの間、息つぎなしに海中に潜り続けることができ、水深60 mを超えて素潜りすることもできるのだ。その圧倒的な潜水能力で魚をとらえ、食べきれない分を売って生活している。彼らの潜水を追っていくと、とても自分と同じ身体のしくみで生きているとは思えないような光景を目にすることになる。彼らは完全に海を拠りどころとした暮らしで1000年以上を生きてきた、まさに海と生きる海の民なのだ。祖先から受け継いだ長い歴史が彼らの身体に刻まれている。

カリフォルニア大学教授ラスムス・ニールセン博士は、バジャウがどのようにして潜水能力を獲得したのかを研究した。

1.5倍の大きさの脾臓

彼らの驚異的な潜水能力の秘密はいったいどこにあるのか？　明らかにすべく立ち上がったのが、カリフォルニア大学教授のラスムス・ニールセン博士らだ。ニールセン博士は、生物の進化が起きるときにゲノムのような分子基盤にいったい何が起こるのかを研究の中心テーマに据えており、バジャウの驚異的な潜水能力の獲得についての研究を行った。

そしてニールセン博士らは、世界最高峰の生命科学雑誌『Cell』で、2018年にバジャウの潜水能力とゲノムを関連づける重要な論文を発表した。論文の中でニールセン博士らが明らかにしたのは、バジャウの人びとが非常に大きな脾臓をもつということ、そして、その脾臓の大きさと相関する「SNP（一塩基多型、p.16参照）」をDNAの98%の領域の中にもっているということだった。バジャウの人びとは“トレジャーDNA[1]”ともいえる特別なDNAの持ち主なのだ。

バジャウと、その近辺の地上で暮らすサルアンの人びとの脾臓の大きさを比べると、なんとバジャウの人びとは平均して1.5倍ほど大きな脾臓をもっていた。脾臓にはたくさんの赤血球が貯蔵されている。赤血球は肺で酸素を取り込んで、血液として循環しながら身体のすみずみ

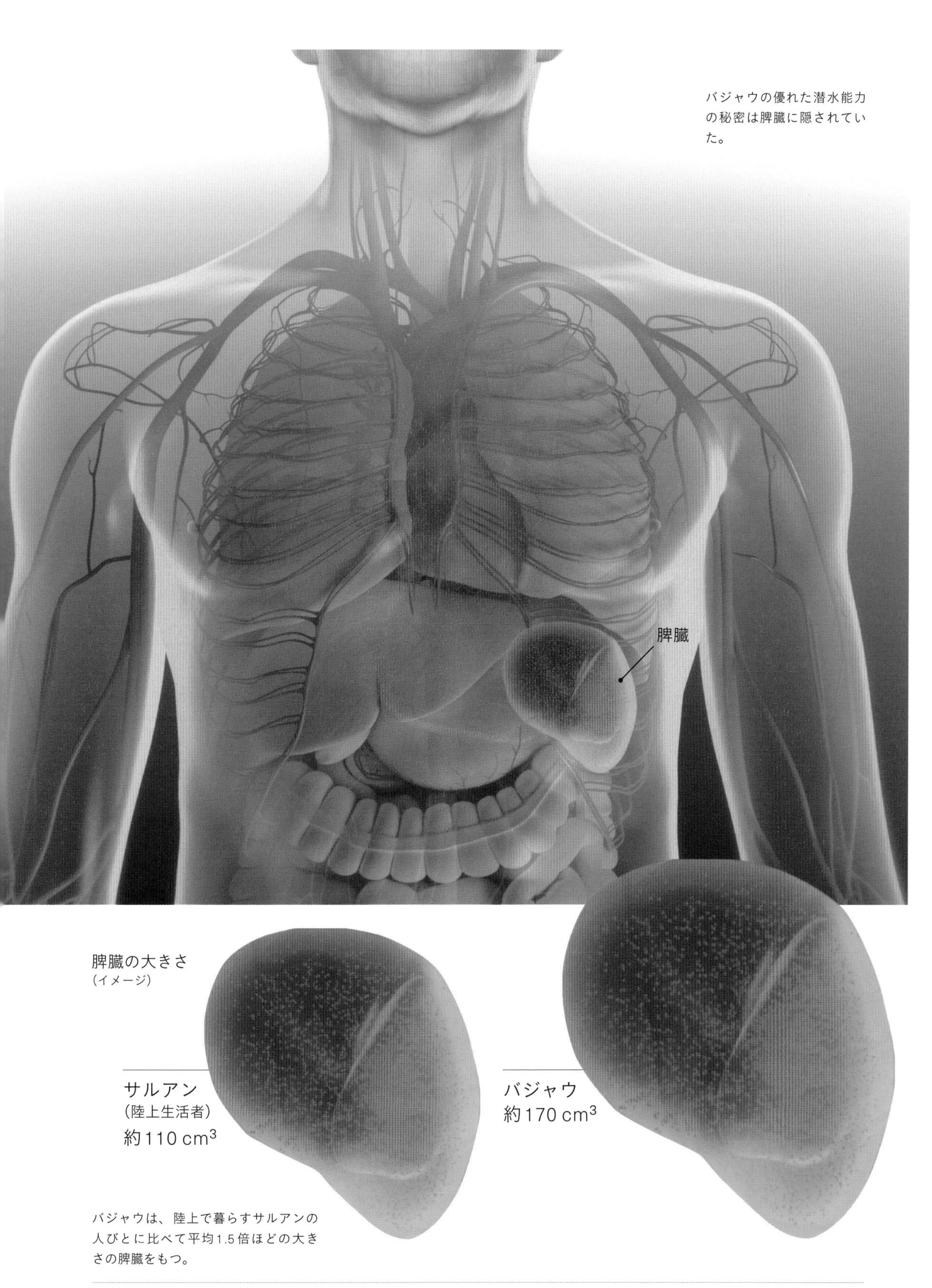

バジャウの優れた潜水能力の秘密は脾臓に隠されていた。

バジャウは、陸上で暮らすサルアンの人びとに比べて平均1.5倍ほどの大きさの脾臓をもつ。

1: 番組放送時に用いられた言葉。DNAの98%の領域がジャンクとよばれていたことに対比させ、DNAの中の未知の宝物になぞらえてつけられた。

の細胞まで酸素を届ける役割を果たしている。

私たちの身体は一時的に呼吸を止めたり冷水に顔をつけたりすると、「潜水反応」という反応が誘発される。潜水反応が起こると、脈が遅くなり末梢血管が縮まることで身体の酸素の消費量を減らす「徐脈」と、「脾臓の収縮」が起こる。脾臓が収縮すると貯蔵されていた赤血球が一気に開放され、低酸素に弱い臓器へ赤血球とともに酸素が送られる。そうして酸素のない状態に対処しているのだ（余談だが、この脾臓の収縮が初めて観察されたのは、日本の海女さんたちであるという）。大きな脾臓はたくさんの赤血球をため込むことができる。「つまり、大きい脾臓をもつバジャウの人びとは、酸素ボンベを担いでいるようなものなのです」とニールセン博士は語った。

大きな脾臓をもつことで、バジャウの漁師は“体内の酸素ボンベ”を手に入れた。

アザラシでも、潜水時間と脾臓の大きさとの間に相関関係が発見されている。

バジャウがもつ“トレジャーDNA”の正体

次にゲノムだ。ニールセン博士らの研究チームは、バジャウの潜水能力に関係しているとみられるSNPを複数発見している。中でも注目されたのは「rs3008052」というSNPだ。このSNPは甲状腺の機能と脾臓のサイズに関連し

上：ニールセン博士らの研究チームは、バジャウとサルアンの人びとの脾臓の大きさとDNAの情報を調査した。
下：サルアンはバジャウと同じ地域の陸上で暮らしており、遺伝的にバジャウに最も近い。

ているという。マウスでは、甲状腺ホルモンが脾臓のサイズを大きくするという報告がある。SNPが関わることで甲状腺ホルモンの分泌レベルが上昇し、それによってもたらされた大きな脾臓がより多くの赤血球の蓄えを可能にするのだろうと博士らは考えている。

ニールセン博士らは、バジャウとサルアンの人びとの唾液を採取して、そこからDNAを抽出し、ゲノムを解析した。バジャウとサルアンは、遺伝的に最も近い関係にある。43名のバジャウと、33名のサルアンの人びとのゲノム

解析の結果から、rs3008052というSNPにおけるC（シトシン）からT（チミン）への変化が、バジャウでは37%も起きていることがわかった。この変化は、遺伝的に最も近いサルアンではたったの6.7%、さらに遠い漢民族ではわずか3%に過ぎなかった。

こうした比率の違いから考えられるのは、バジャウの中でこのSNPを残す強い自然選択[1]がかかったということだ。バジャウは歴史上のどこかの段階で海に生きることを始め、そうした環境の変化によって、潜水能力の高さに関係する遺伝的な変異が有利にはたらくようになったと考えられる。より長く海に潜れる人がより多くの食料を獲得し、より多くの子孫を残してきた結果、この"トレジャーDNA"は徐々にバジャウの人びとの中で定着し、広がっていったと推測されている。

自然選択がはたらいたことで、バジャウの中で潜水能力を高めるDNAが広がっていったと考えられる。

1: ある生物の集団の中で、生存に有利な形質をもつ個体は生き延びる確率が高く、より多くの子孫を残すということ。

case 2:

イヌイット・チベット

北極で暮らすイヌイット。彼らの伝統的な食事は肉食に偏ったものになっているが、その食生活による悪影響はほとんどない。

イヌイットやチベットの人びとがもつ“トレジャーDNA”

ニールセン博士らは、こうした自然選択によるDNAの変化をほかの民族の中にも見い出している。

たとえば、北極圏で暮らすイヌイット。彼らの伝統的な食事は、アザラシなどの海生哺乳類や魚に頼ったものになっている。野菜はほとんど食べることがなく、肉食に極端に偏った食生活だ。一般的に、肉食に偏った食事を続けているとLDLコレステロール（いわゆる悪玉コレステロール）が過剰になり、心血管性の病気のリスクを高めることになる。イヌイットの食生活を考えると、さぞかし不健康な状態の人が多いのだろうと思うかもしれない。しかし、彼らは偏った食生活にもかかわらず、心血管性の健康問題を抱える人はほとんどいない。

ニールセン博士らの研究によれば、ここにもDNAの変化が深く関わっているという。博士らは、イヌイットの多くがLDLコレステロールを減らすDNAをもつことを発見した。イヌイットの人びとはこの“トレジャーDNA”によって、どんなに肉食に偏った食事を続けていようとも、心血管性の病気に悩まされることなく暮らすことができるという。

標高4,000 mの高地にあるチベットの村。海面付近よりも約40%も酸素濃度が低い。

さらに、酸素濃度の低い高地で暮らすチベットの人びとにも“トレジャーDNA”が発見されている。人体は通常、酸素を運ぶ赤血球を増やすことで低酸素の環境に慣れる。ところが博士らの研究によると、チベットの人びとは通常の身体のしくみとはまた別に、全身へ酸素供給をもたらすDNAをもっているというのだ。ニールセン博士によれば、高山病の原因の一つに赤血球をつくり過ぎてしまうことがあるという。一般に高いところへ移動するほど気圧は下がり、酸素濃度は低下していく。高山との戦いで最も厳しい困難の一つにこの低酸素状態がある。たとえば、チベットの人びとが暮らす高度4,000 m以上の土地では、海面付近より約40%も酸素濃度が低くなる。そこで人間は高地の低酸素状態へ対応するために、体内の赤血球を増やすというメカニズムをはたらかせる。高い山に登るときに高度順応（順化）といって、高度があまり高くなり過ぎない場所で一定期間過ごすことが推奨されるのは、身体に低酸素状態を慣れさせ、準備させる意味がある。その準備がうまくいかないと高山病となり、最悪の場合、死に至ることもある。

人体はいつも身体を一定の状態へ保つ、恒常性を維持するためのしくみをもつ。高地順応の詳しいメカニズムは『シリーズ「人体」Ⅰ　第1集“腎臓”が寿命を決める』でも紹介した[1]。簡単に説明すると、血液中の酸素不足を感知した腎臓は、EPO（エリスロポエチン）というホルモンを出す。このホルモンが骨髄にはたらきかけ、骨髄の中で赤血球の増産が始まるというしくみだ。高山病はこのシステムが行き過ぎたときに起こる。高地の酸素不足に反応した身体が赤血球をつくり過ぎてしまい、赤血球の多い、粘性の高いドロドロの血液を循環させることになる。これが高山病の原因の一つと考えられている。ところがニールセン博士らの研究によれば、チベットの人びとは特に赤血球量が多いわけではないそうだ。正確なメカニズムはわかっていないが、彼らは赤血球に含まれる酸素を運ぶ物質であるヘモグロビンの量と関連する特別なDNAをもっていると考えられている。このため、赤血球の増産に頼らずに全身に酸素を送り届けることができるのだという。

1:『NHKスペシャル「人体〜神秘の巨大ネットワーク〜」1』（NHKスペシャル「人体」取材班編、東京書籍刊、2018年）を参照。

case 3:

アンデス地方

人びとの
暮らし方・文化が
DNAに影響を与える

チリのアンデス地方にも驚くべき能力をもつ人びとがいる。この地域で湧き出す水は猛毒のヒ素を含んでおり、なんとその量はWHO（世界保健機関）が定める安全基準の約100～1,000倍だという。

この地方のある村で湧き出す水には、WHO（世界保健機関）が定める安全基準の約100～1,000倍のヒ素が含まれている。

同国タラパカ大学生物考古学研究所所長のベルナルド・アリアサ博士がこの地域で数千年前に暮らしていた人びとのミイラを解析したところ、当時の人びとが深刻なヒ素中毒に冒されていたことが明らかになった。「胎児や新生児の死亡率も相当高かったようです」とアリアサ博士は語る。

ところが現在この地方で暮らしている人びとの中には、ヒ素が含まれた湧き水を飲んでも身体に影響が出ない人が多くいるという[1]。チリ大学医学部教授で人類遺伝学を専門としているマウリシオ・モラガ博士らの研究チームが、アンデス地方のカマロネス村に暮らす村人たちのDNAを解析したところ、その中にヒ素を解毒する力を高めるSNPが発見された。モラガ教授は、「人間がこのレベルのヒ素に耐性をもち、生き残っていることは非常に驚くべきことです」と語った。まさに98%の領域に起きた変化がもたらした"トレジャーDNA"だといえる。

1: 現在は安全な飲用水が支給されており、ヒ素を含む湧き水の飲用は禁止されている。

タラパカ大学生物考古学研究所所長ベルナルド・アリアサ博士は、数千年前にこの地域に暮らしていた人びとのミイラを調査し、当時の人びとが重篤なヒ素中毒に冒されていたことを明らかにした。

チリ大学医学部教授マウリシオ・モラガ博士は、「これほど高濃度のヒ素を摂取して生存できたことは、医学の常識からかけ離れています」と語る。

チリのアンデス地方。

若くしてヒ素中毒で亡くなったとみられる人びとのミイラ。幼い子どものミイラもある。

上：村で生まれ育ってきたワイタさん。「私はずっとこの水を飲んできました。でも、身体に影響が出たことはないですよ」
下：村でレストランを経営しているリナーレスさん。「水にヒ素があったことは知っているけど、私に健康上の問題はないわよ」

人びとの暮らし方や文化がヒトのゲノムに影響を与える例はほかにも知られている。たとえば牧畜がさかんなヨーロッパでは、牧畜生活にもとづいた食生活（乳製品を食べる機会が多い生活）の影響によって、大人になっても乳製品に含まれる乳糖を分解することができるというゲノムの変化が起こった。私たちは、赤ちゃんの頃は母乳に含まれる乳糖を分解できるが、大人になるにつれて乳糖を分解する能力は失われていく。牛乳を飲むことでお腹をこわす大人が多いのはこのためだ。ところが、長い間牧畜を行ってきたヨーロッパには、いくら牛乳を飲んでもお腹をこわさない人が多い。乳糖を分解する酵素を大人になってももち続けるためだ。これも文化がヒトのゲノムに影響を与え、自然選択が起きた例だと考えられている。

そのため、SNPなどの遺伝子多型は、民族によっても異なる傾向を示すことがよく知られている。地理的に隔離された環境で新たな種になる進化が起こりやすいように、民族のような異なる文化や生活様式をもつ集団は特別なゲノムの変化を保存したSNPを生じやすい。文化的背景がゲノムに変化をもたらすためだ。

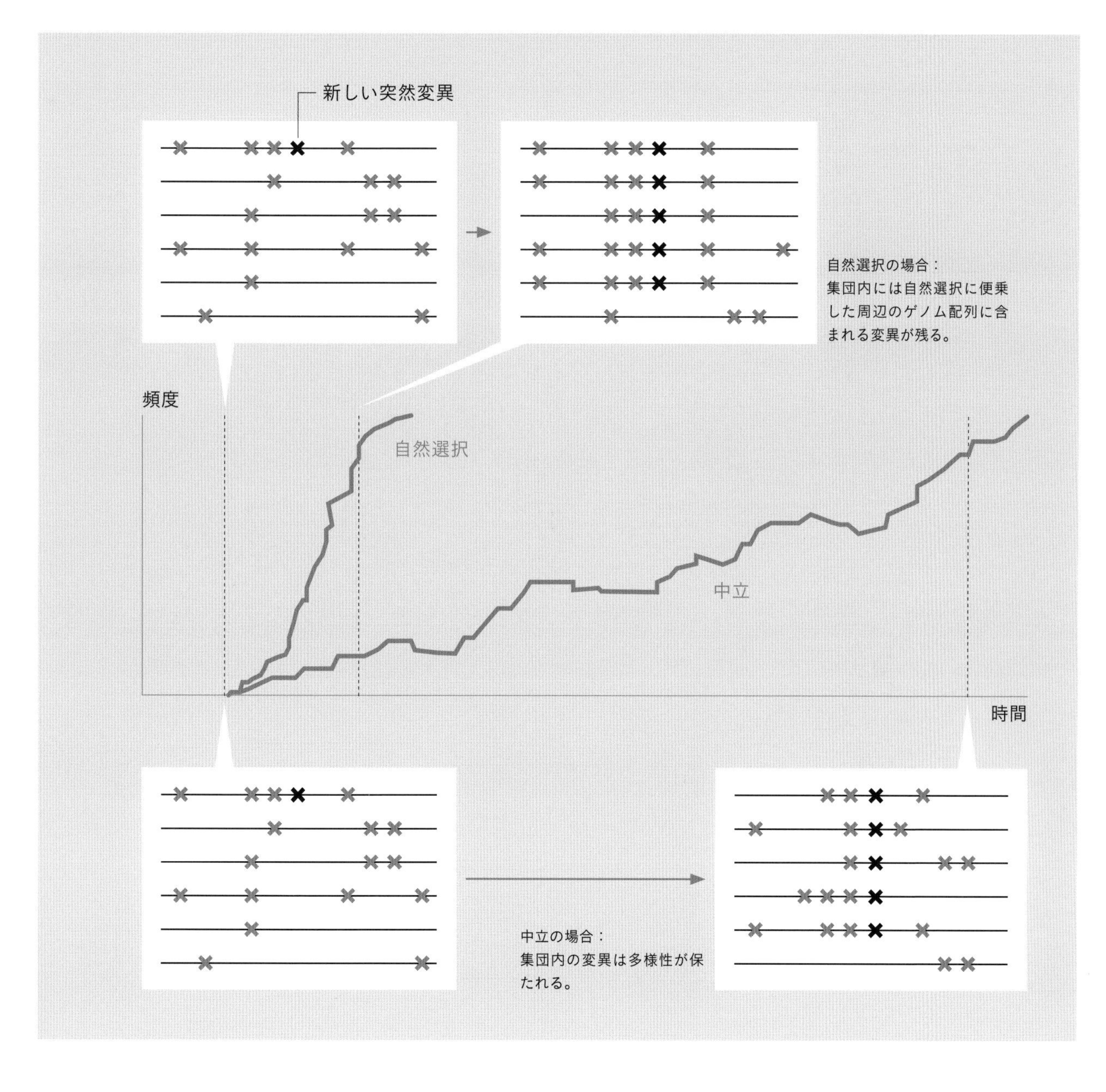

自然選択で広がった変異に便乗して、その周辺にあるDNA上の変異も同時に広がっていくことをヒッチハイク効果という。自然選択を受けない変異も中立的に増えることもある。しかし、その場合は長い時間をかけて増えていくことになり、その周囲のゲノムの多様性も保たれる。
（種生物学会編、木村亮介著：系統地理学　DNAで解き明かす生きものの自然史、第8章　ゲノム時代の集団解析―ヒト研究を例に―、p.239、2013より改変）

自然選択が起こるしくみ

では、こうした自然選択が起こる具体的なメカニズムはどのようなものなのだろうか？表面的には、先ほど述べたように生き延びる力に直結して選択が起こる。しかし、その根底にあるゲノムはどうなっているのか。琉球大学准教授の木村亮介博士によれば、そのメカニズムは、ある集団の中でDNAがどのようにふるまうのかという問題を説明してくれるものだという。

まず、ゲノムのある場所に変化が起こる（これを「変異」とよぶ)。たとえばC（シトシン）からG（グアニン）に変化するといった塩基の置換が、基本的にはランダムに起こる。この変化は「突然変異（ミューテーション)」とよばれる。そうしたランダムな塩基の変化が、高地の低酸素状態や牧畜に即した食生活への順応、感染症に対する耐性など、その環境においてなんらかの有利さをもつことがある。すると、集団内で急速にその突然変異をもつ人の割合が増えていく。自然選択のわかりやすい例は、致死的な感染症が大規模に広がり、パンデミックのようなことが起きたときに、その病原体に耐性をもつ人が生き残るというものだろう。親から子へ、子から孫へ、突然変異はすばやく広がる。このような命に関わる変異ほど、集団の中では広がりやすい。これが自然選択のメカニズムだ。

補足的な話になるが、自然選択にともなって生じる現象に「ヒッチハイク効果」とよばれるものがある。自然選択を受けたゲノムの変異に乗じるかたちで、その周辺にあるゲノムの配列も同時に集団内に広がるというものだ。ヒッチハイク効果で広がっていくゲノム配列上にある変異は、自然環境とはなんの関係もなく、命に別状もなく、ほとんど生きている上で意味がなくても、強力な自然選択がかかっている変異の近くにあるというだけで、便乗して一緒に増えていく。自然選択が起こると、このヒッチハイク効果によって、周辺のゲノム配列も自然選択が起きたときと同じタイプのものが広がることになる。ある集団がもともと内包していたゲノム配列のバリエーションは自然選択を受けているゲノムの配列にとって変わられ、その集団内には、自然選択に便乗した周辺のゲノム配列という同じ配列が子孫の中で広がっていく傾向が生まれる。ほかの個体のゲノム配列は

排除されるため、これを「一掃される」という意味で「スイープ」という。

集団内で有利でも不利でもないゲノム配列が中立的な立ち位置で増えていくのに合わせて、ときには自然選択を受けないゲノムの変異も増えていくこともあるという。ただし、その場合は長い時間をかけて増えていくことになるため、増えていく間に周囲にほかのゲノムの配列変化が起こっていく。長い時間がかかることによって、1つの塩基が置き換わる点変異や組み換えなどが起こるため、ゲノム配列の多様性が保たれたまま、ゲノムの変異は放置される。つまり、文化や自然環境などの環境要因によって自然選択され、急速に広がった変異でなければ、スイープのように周囲のゲノム配列を巻き込んで広がるといった現象は起こらない。さらに、中立的なゲノム配列が広がる場合には集団の中で増えたり、減ったりをくり返しながら、ゆっくり上昇をしていくことになる。

自然選択では短期間で一気に、そして肝心のゲノムの変異が起きた場所を中心にして、周囲の配列を飲み込みながら集団の中での割合を増やしていく。このことを覚えておくと、変異の背景を考えるときのヒントになる。本来自然選択された変異とは異なる変異までヒッチハイクによって連れてこられるため、選択された形質とはまったく関係のないものまで、あたかも選択された変異であるかのように見えてしまうことがあるということだ。ヒッチハイクされた変異が示す形質について、なぜ選択が起きたのかという進化における意味を考えても意味がない。それどころか、意味のないものに意味を与えてしまう可能性すらあるので、注意が必要だ。

ゲノムの多様性こそが進化を駆動する

このように自然選択は、ときにさまざまな能力の発現を引き起こす。自然選択が起こる状況は、飢餓であったり、病気であったり、かたや高地での暮らしであったり、海での暮らしであったり、熱帯での暮らしであったりする。事実、ゲノムの多様性は人類発祥の地であるアフリカで最も高く、アフリカから遠ざかるほどに低くなるという。その土地その土地での環境が与える身体への影響や、文化という形で人びとが育んだ選択が、ゲノムの自然選択を導いてきたのだ。選択がかかるがゆえに、その土地でのゲノムの多様性はしだいに失われる。バジャウでいえば、海に長く潜れることがおそらく食糧の確保に優位にはたらき、ゲノムの変異が定着したように。

実はそうした変異が起きやすい場所こそが、役割がよくわかっていなかったDNAの98%の領域であることが明らかになっている。DNAの中でタンパク質合成の情報をもった塩基配列は「遺伝子」とよばれ、タンパク質合成の情報をもっておらずタンパク質をつくれない98%の領域が長らく“ジャンク”だと考えられてきた。しかし、この98%の領域こそが、進化を駆動するためにとても重要だと考えられ始めているのだ。

なぜ、タンパク質合成の情報をもたない領域

の変化が重要か？　タンパク質は私たちの身体の基本材料である。もしタンパク質合成の情報をもつ領域に変化が入った場合、タンパク質の構造や機能に直接的に影響するため、病気を引き起こしたり、重度の場合には死に至ったりする可能性が高いからだ。タンパク質合成の情報をもつ領域である遺伝子が“生命の設計図”ともよばれてきたのは、そうした理由がある。

バジャウやチベットの人びとを研究したニールセン博士も、「最近の人類進化を見た場合、私たちに変化をもたらしたほとんどのケースは、DNAの98%の領域にあります」と語っている。ニールセン博士は、この領域における突然変異が、ヒトの身体を環境に適応させ生き延びるために利益をもたらすポテンシャルが高いのではないかと推測している。98%の領域の塩基配列には、遺伝子の領域よりもはるかに多くのバリエーションが存在する。

「このバリエーションが重要なのです。多様性こそが、変わりゆく環境に対応し、速いスピードで進化していく力を私たちに与えているのです」と、ニールセン博士は力強く語った。これまで“ジャンク”だと考えられてきた98%の領域に起こる変異こそが、私たちに進化をもたらす原動力になっているというのだ。

ラスムス・ニールセン博士は、ゲノムの多様性が進化を推し進めたと考えている。そしてゲノムの変異が起きやすい場所こそが、98%の領域であると語った。

part 3

セントラルドグマの現場で見えたもの

――“トレジャーDNA”のはたらきを可能にしている現場。

それこそが、私たちがもつ細胞の中で日々行われているいとなみだ。

驚くほど小さな物質たちが規則正しく動き回ることで、
私たちは生かされている。

小さな物質たちの瞬間、瞬間の動きが私たちの体質を決め、
私たちの意志を決定し、私たちを明日へと突き動かす。

次はその現場へ進む。最新科学が導き出したその秘密を、
いよいよ解き明かしにいこう。

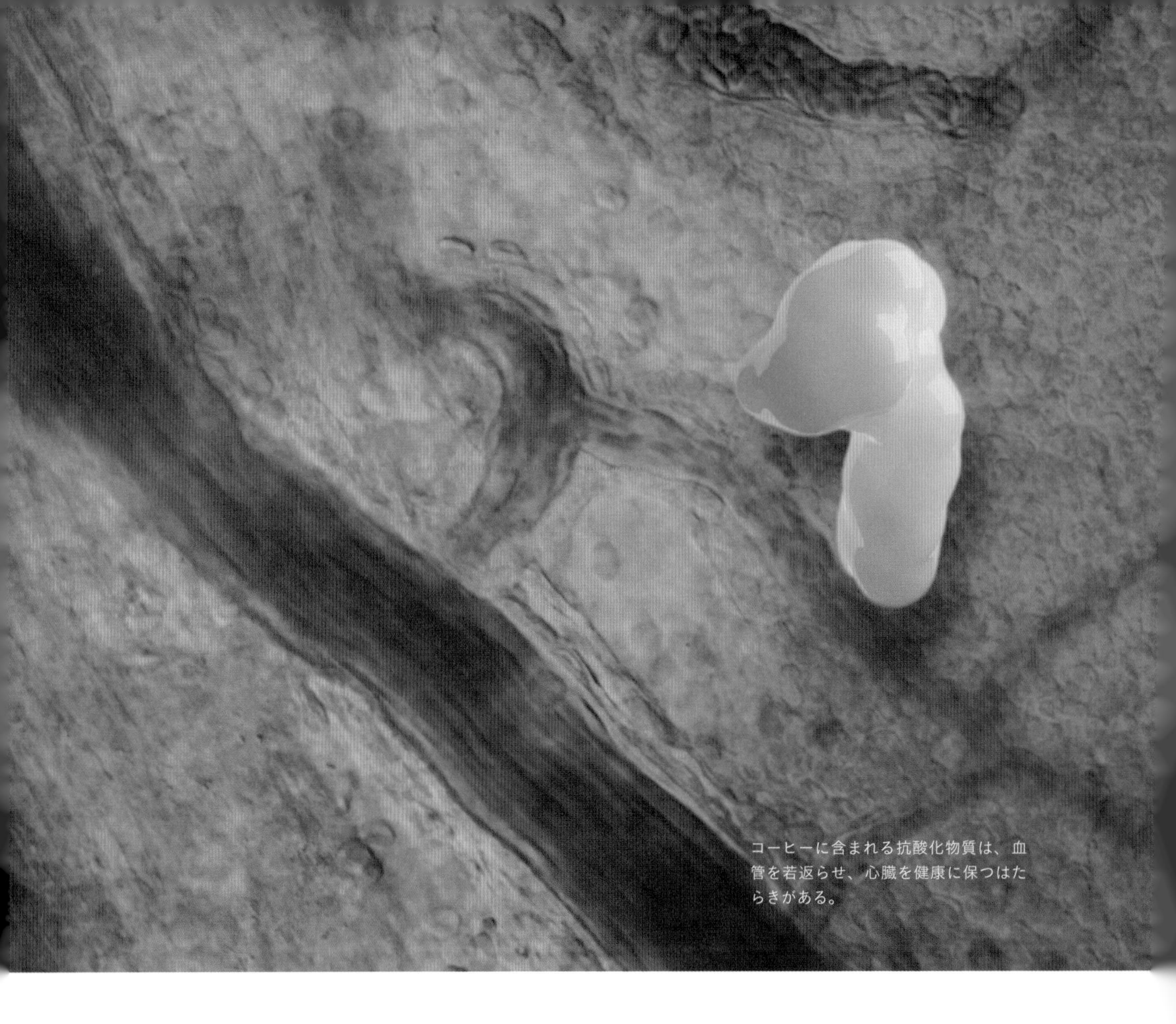

コーヒーに含まれる抗酸化物質は、血管を若返らせ、心臓を健康に保つはたらきがある。

コーヒーが身体によいかどうかを決める塩基配列がある⁉

コーヒーはいったい身体によいのか、悪いのか――トロント大学教授のアーメド・エルソヘミー博士は、10年以上も前からこのテーマに取り組んでいる。コーヒーが心臓の健康に与える影響については、これまでも多くの研究が行われてきた。しかしその結果はバラバラで、コーヒーが心臓によい効果があるという研究もあれば、逆に悪い影響があるという研究もあった。エルソヘミー博士は、このような研究結果の違いが生じる理由に、個々人のDNAの違いが関連しているのではないかと考えた。

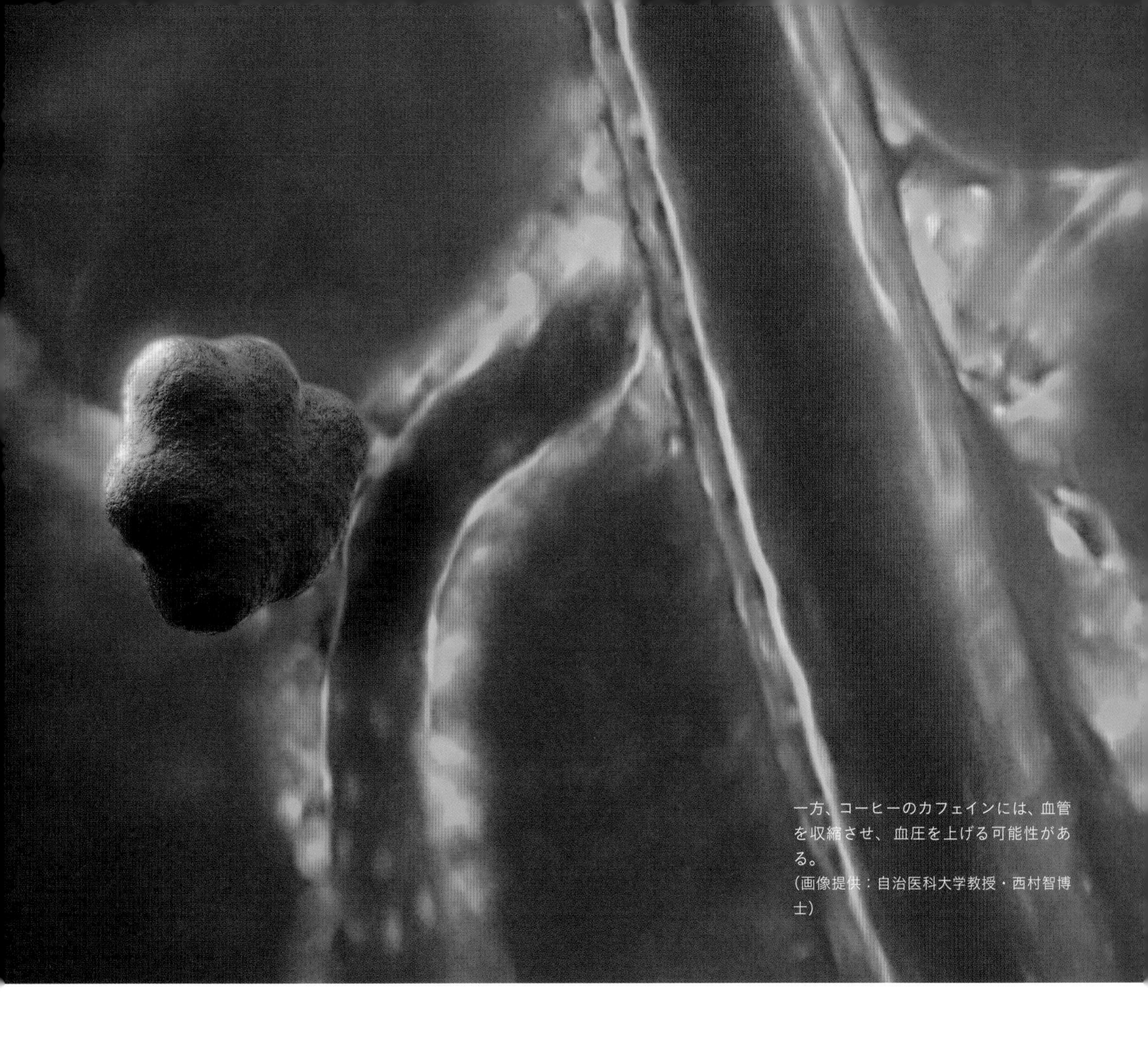

一方、コーヒーのカフェインには、血管を収縮させ、血圧を上げる可能性がある。
（画像提供：自治医科大学教授・西村智博士）

コーヒーに含まれる抗酸化物質には、血管を若返らせ心臓を健康に保つはたらきがある。これが、コーヒーが身体によいと言われる主な理由だ。一方、コーヒーに含まれるカフェインには、血管を収縮させ血圧を上げるはたらきがあり、心筋梗塞など心疾患のリスクを高める可能性がある[1]。では、コーヒーを飲んで心臓によい効果がある人は、このカフェインの影響をどのように抑えているのだろうか。

1: 身体全体で考えた場合、カフェインには健康によいはたらきもある。

すばやく分解できるDNAをもつ人の心筋梗塞のリスク（50歳未満）
（Marilyn C Cornelis, et al：Coffee, CYP1A2 genotype, and risk of myocadial infarction. JAMA 295（10）：1135-41, 2006）

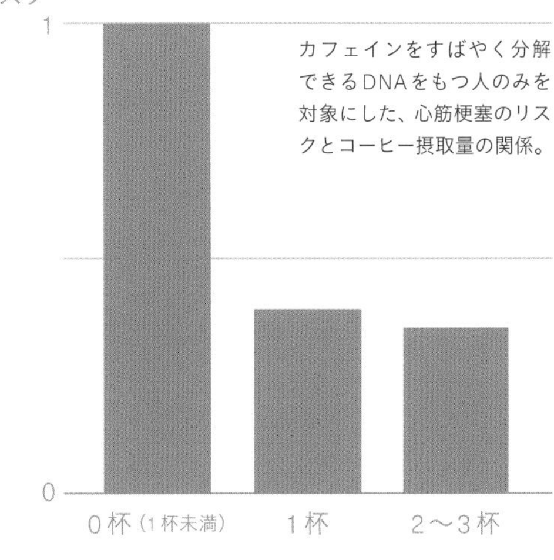

トロント大学教授のアーメド・エルソヘミー博士は、コーヒーが健康に与える影響を研究している。

SNP（rs752551）がC（シトシン）の人

SNP（rs752551）がA（アデニン）の人

エルソヘミー博士は、4,000人もの人びとのDNAを解析したデータをもとに、カフェインが心臓に与える影響を調べた。そして、DNAの中のたった1つの塩基の違いがカフェイン分解の速度を変え、それが私たちの健康に関連していることを突き止めた。

具体的には、「rs752551」というSNP（一塩基多型、p.16参照）がA（アデニン）の人は、C（シトシン）の人に比べてカフェインを分解する酵素である「CYP1A2」がつくられやすいのだという。

focus on

トップアスリートにも カフェインの効果

トップアスリートたちの中にもコーヒーに含まれるカフェインによってパフォーマンスが向上する選手がいることが明らかになってきている。

東京の国立スポーツ科学センターには、極秘のDNAサンプルが厳重に保管されている。このDNAサンプルには、金メダリストや世界記録保持者を含む現役のトップアスリート約50競技1,200人分の遺伝情報が眠っている。競泳や陸上の選手たちを対象とした最新の解析の結果、競技前にカフェインを摂取した17名のうち4名で競技のパフォーマンスが向上する可能性があるとわかっているという[1]。

上：国立スポーツ科学センターでは、スポーツに関する研究が行われている。(写真提供：PIXTA)
左：現役アスリートたちから血液を採取・保管しDNA解析を行う研究も行われている。

1: なお、カフェインはドーピング禁止物質ではないものの、監視対象としてモニターされている。

左：オレンジ色の物質がカフェイン分解酵素。「rs752551」というSNPがA（アデニン）の人は、より多くのカフェイン分解酵素がつくられ、そのため、カフェインをすばやく分解できるという。

このCYP1A2という酵素（つまりタンパク質）をつくるための遺伝子の情報は誰もがもっているのだが、それをつくる量やタイミングを、rs752551というSNPがコントロールしていると考えられるのだ。CYP1A2がつくられやすいと

いうことは、短時間でたくさんのカフェインを分解できるということになる。そのため、カフェインをすばやく分解できるDNAをもつ人は、カフェインの心臓への影響を抑え、コーヒーのよい効果をよりよく受けることができる。

「コーヒーの身体によい効果を得られるかどうかは、これまであまり着目されてこなかった98％の領域の塩基配列の違いによって決まっていたのです。そしてその影響は、想像していたよりはるかに大きいものでした」と、エルソヘミー博士は語っている。

SNPがコントロールするものは、カフェイン分解酵素だけではない。たとえば鼻の骨をつくる物質やがんを抑制する物質、アレルギー反応を抑える物質など、遺伝子の情報をもとにさまざまな物質がつくられるとき、1つの塩基の違いが、物質をつくる量やタイミングをコントロールしているということが明らかになりつつある。

核の中の
にぎやかな世界

コーヒーから得られる恩恵を左右する、DNAの中のたった1つの塩基。この塩基は、いったいどのようなしくみでカフェインの分解速度に関わっているのだろうか。

まず大まかにそのしくみを説明しよう。コーヒーに含まれるカフェインは、口から摂取された後に、主に腸で吸収され、血液とともに肝臓へ運ばれる。そして、肝臓の細胞（肝細胞）で分解されることになる。カフェインを分解するのはカフェイン分解酵素というタンパク質で、このタンパク質はDNAの情報をもとにして「転写」と「翻訳」という過程を経てつくられる。このタンパク質合成の際に、SNPの違いが関わってくるのだ。

今回番組では、東京工業大学教授の木村宏博士が率いる新学術領域研究「遺伝子制御の基盤となるクロマチンポテンシャル」と静岡県立大学教授吉成浩一博士をはじめとした多くの科学者の協力を得て、SNPが個人の体質に影響を与えるメカニズムを、超高精細コンピュータグラフィックス（CG）で描き出すことに成功した。身体の中で起きているミクロで高度なメカニズムを、コーヒーを飲んだ人の肝臓の中に飛び込んで見てみよう。

吸収されたカフェインは血液とともに肝臓に運ばれる。

先ほども述べたように、口から摂取されたコーヒーは、食道・胃などを経て、主に腸で吸収され、血液とともに肝臓[1]へ送られる。肝臓はさまざまな物質の解毒や加工を担う臓器で、“人体の化学工場”ともよばれる。そのため、もしも口にしたものに毒物が混ざっていた場合に備えて、腸で吸収された物質はまず肝臓に送られるのだ。コーヒーの中に含まれるカフェインも、まず肝臓の細胞（肝細胞）へと送り込まれることになる。

ここで、走査型電子顕微鏡で捉えたラットの細胞の画像を手がかりに、実際の肝細胞の姿を見てみよう。今回、肝細胞の撮影のために、日立ハイテクと旭川医科大学准教授の甲賀大輔博士に協力を仰いだ。甲賀博士はこうした画像の撮影に卓越した技能をもつ研究者だ。走査型電子顕微鏡は目的のものを見るための前処理、試料をつくるテクニックが必要だ。美しい画像を撮るためには、撮影対象に合わせた手技を開発・習得していなければならない。かつ、処理時の気温や湿度なども影響するため、環境条件によってその度に各工程の時間を調整する必要もある。甲賀博士が作製した試料の電子顕微鏡画像を海外で発表したとき、感嘆の声が上がったという。世界的に見ても、これほど美しい画像を撮影できる人はまれなのだ。

さて、モノクロの画像を見てみると、まず大きく、輪切りにされた肝細胞が見える。その中に、やはり輪切りになった核やミトコンドリア・ゴルジ体・小胞体などの細胞小器官（p.13参照）が確認できる。細胞の中は驚くほどみっちりと、さまざまなものが詰め込まれている。ほかの臓器の細胞と比べると、肝細胞の核は大きい。

上：電子顕微鏡で捉えたラットの肝細胞。丸い核の中にDNAが詰まっている。
下：内部を拡大すると、DNAを含む核のようすを鮮明に見ることができる。
（画像提供：旭川医科大学准教授・甲賀大輔博士／日立ハイテク）

MOVIE：『人体精密図鑑』肝臓の断面

1: 肝臓には大小の血管がすみずみにまで張りめぐらされている。毒性学の専門家で、カフェインの分解に関わる酵素の研究も行っている吉成浩一博士によれば、「肝臓は血液の中に細胞の集団が浮かんでいるようなもの」だという。それほどまで肝臓は血液に満たされている。

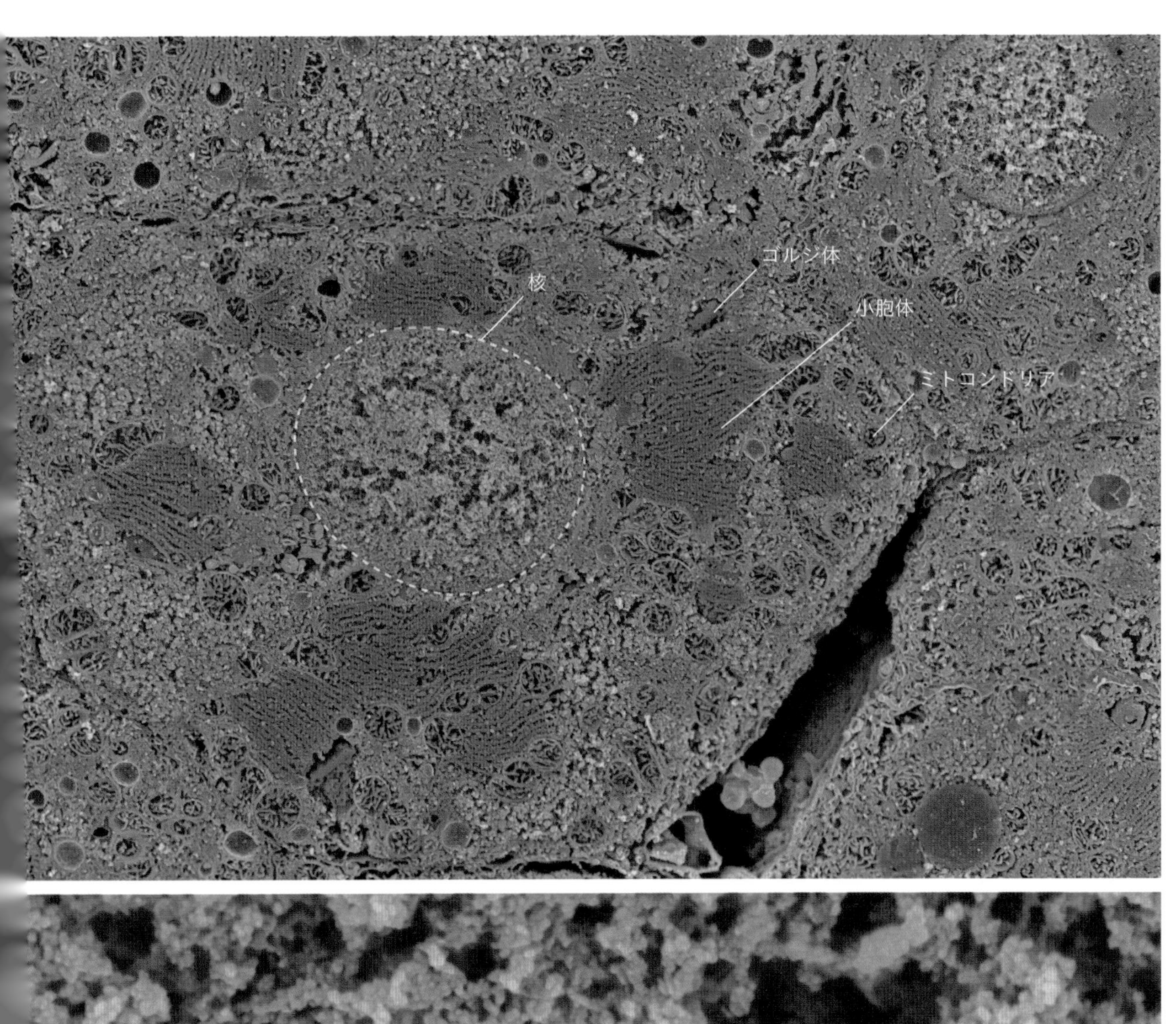
ゴルジ体
核
小胞体
ミトコンドリア

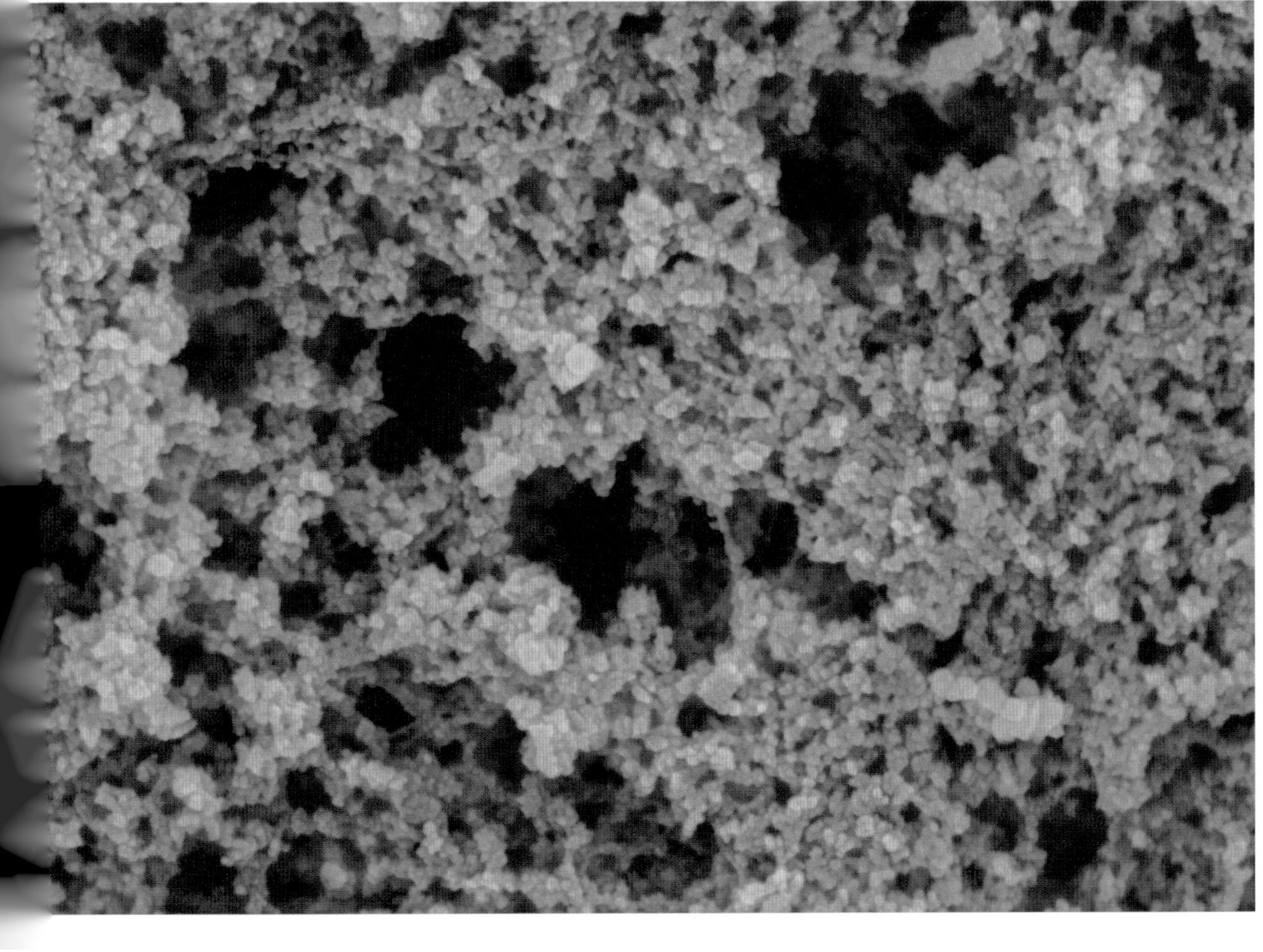

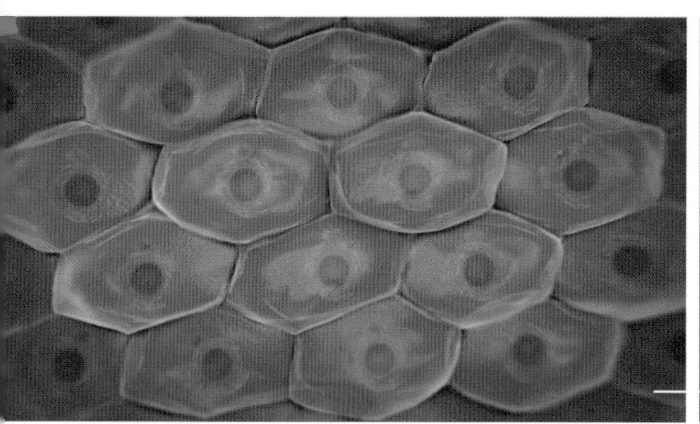

表皮などの細胞を通り抜け、肝細胞を目指して進む。

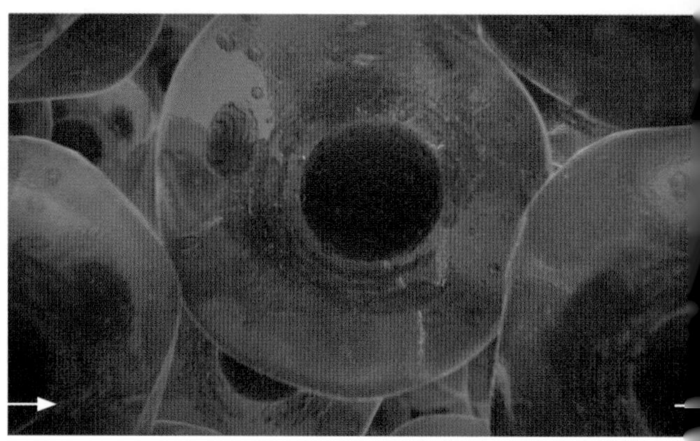

肝細胞にたどりついた。

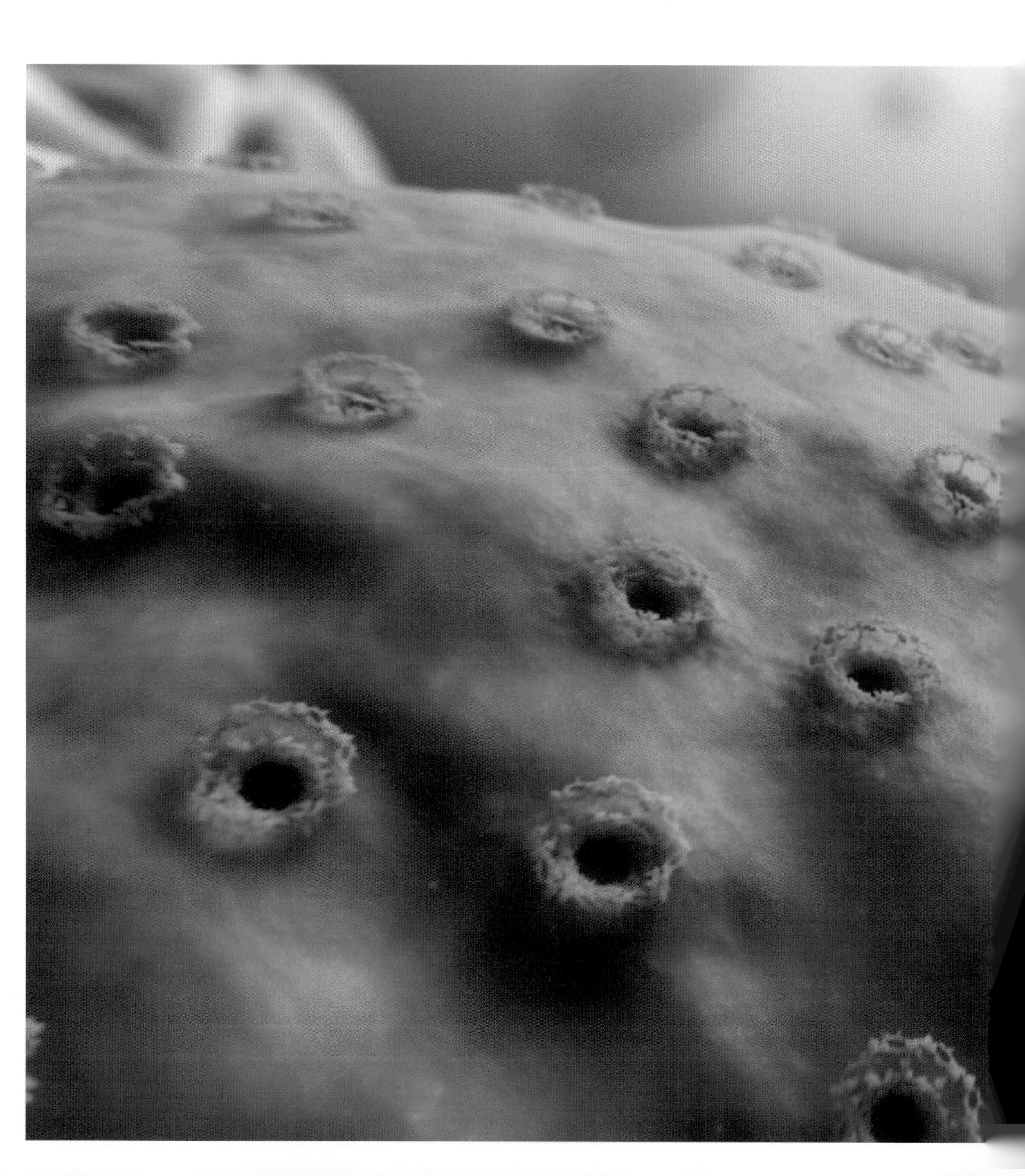

肝細胞の中に入ると、さまざまな細胞小器官が見える。中央に浮かぶ惑星のようなものが核。

続いて、CGで細胞の中のようすを見てみよう。表皮などの細胞をかき分けた先に、肝細胞が見えてくる。肝細胞の中に入ると、まるでどこかの惑星のような核が見えてきた。肝細胞の核の直径はわずか1/100 mmほどだ。核を包んでいる核膜には、よく見ると小さな穴が無数にあいている。この穴を核膜孔という。

核を包む核膜には、小さな穴が無数に空いている。この小さな穴を核膜孔という。

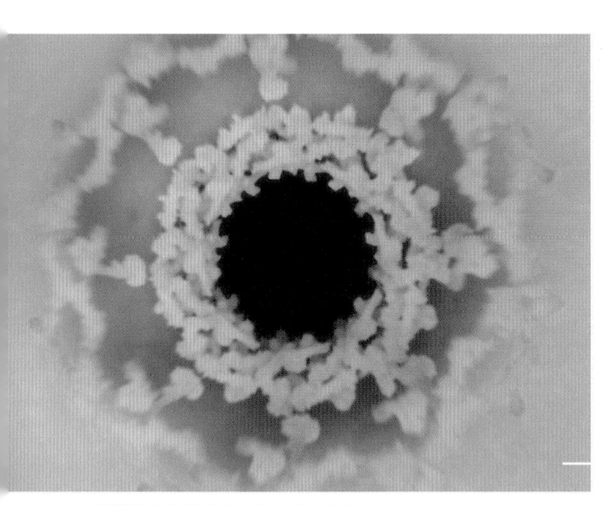

核膜孔から核の中へ入っていくと――

　核膜孔から核の内部へと飛び込む。すると、ごちゃごちゃと絡み合った何かが周囲を埋めつくしている。これこそがDNAのかたまりだ。核の中でも、外側の核膜付近にはぎっちりと詰まった形のDNAが多いことがわかっている。先ほどの肝細胞の電子顕微鏡画像をよく見てみても、そうしたようすがわかるだろう。核膜孔付近にはまるで物質が通るための道のように隙間があることも知られている。DNAのかたまりのわずかな隙間を縫うようにして、先へと進んでいく。

MOVIE：
『人体精密図鑑』
DNAからタンパク質ができるまで

周囲には、ぎっしりと絡み合うDNAのかたまりが詰まっている。

セントラルドグマの現場

まるでジャングルのようなDNAのかたまりの中を進んでいくと、ひらけた場所にやってきた。先ほどまではがっちりと絡み合っていたDNAが、ここでは幾分ほどけていて、そこに何かせわしく動いているものが見える。DNAの上を滑るようにして、「RNAポリメラーゼ」という酵素が走り回っているのだ。

このひらけた場所こそが、セントラルドグマの現場だ。遺伝子の情報をもとにしてタンパク質がつくられることを「遺伝子発現」というが、その発現の過程は、DNAが「RNA（リボ核酸）」に写し取られ（「転写」という）、そしてそのRNAから情報が読み解かれてタンパク質がつくられる（「翻訳」という）という流れがある。こうした「DNA→RNA→タンパク質」という一方向の流れの考え方を「セントラルドグマ」とよぶ。そして、このセントラルドグマの現場は、DNAの98%の領域の謎を解き明かす現場でもある。

それではいよいよ、遺伝子発現によってタンパク質がつくられるまでの道のりの中で、98%の領域がどのような役割を担っているのかを見ていくことにしよう。

ぎっしりと絡み合う、ジャングルのようなDNAのかたまりをくぐり抜け、少しひらけた場所にやってきた。ここではDNAは幾分ほどけている。

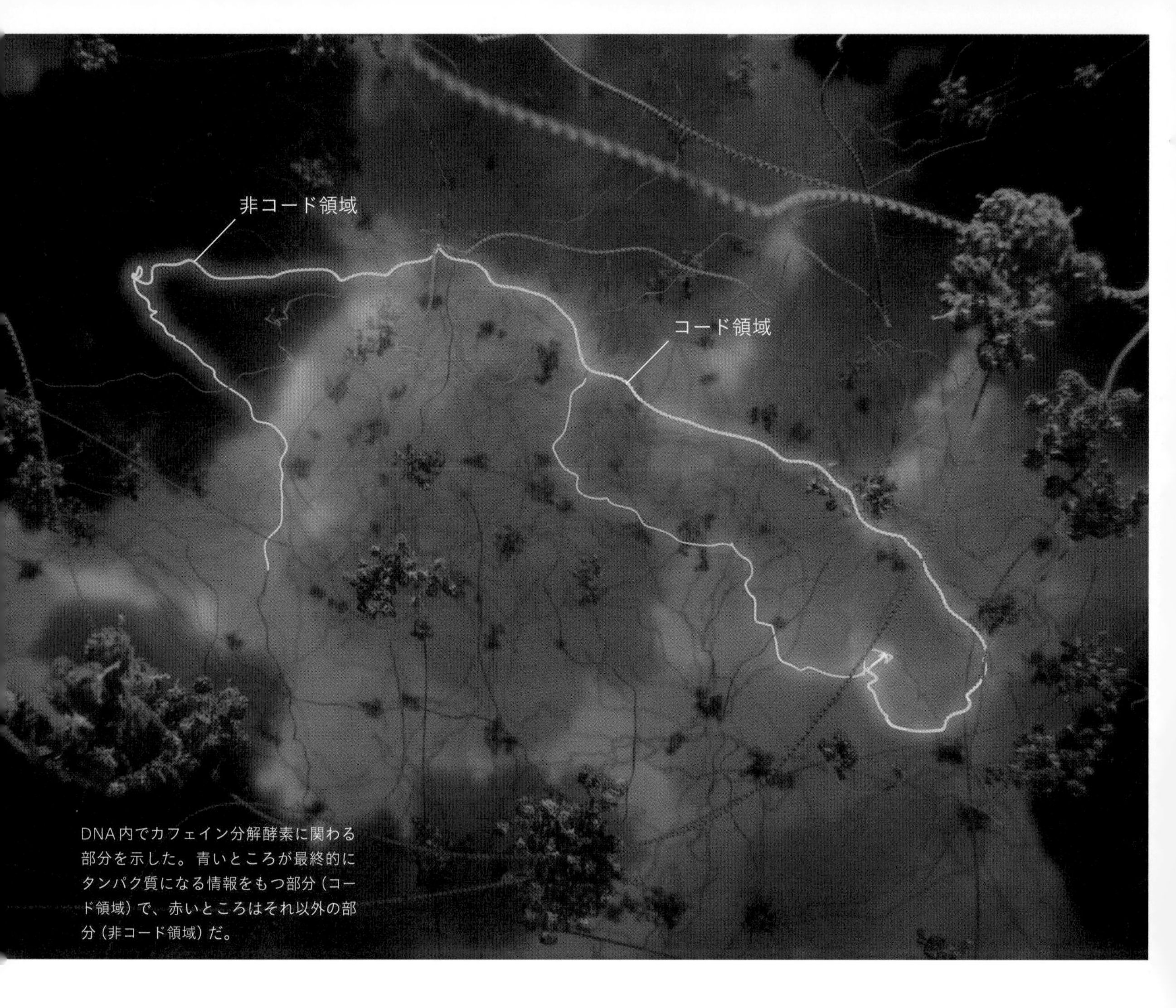

DNA内でカフェイン分解酵素に関わる部分を示した。青いところが最終的にタンパク質になる情報をもつ部分（コード領域）で、赤いところはそれ以外の部分（非コード領域）だ。

転写

近づいたのは、DNAの一部分だ。よく見ると、CGでは青い部分と赤い部分に色分けされている。これは説明のために便宜上色分けをしたものだ。最終的にタンパク質になる情報をもつ部分は、ゲノム上では飛び飛びで存在する。そのタンパク質の情報部分（コード領域）を青色に、そうでない部分（非コード領域）を赤色で色分けした。

CG映像が進むと、コード領域ではない場所がキラリと輝いた。DNA上のたった1か所。この場所こそがカフェイン分解速度に大きな影響を与えるSNPである。

そのSNP上に、ゆっくりと舞い降りる物質が現れた。この物質は、カフェイン分解酵素の「転写因子」、つまりDNAからRNAへの読み取りを開始するスタート装置としてのはたらきをもつタンパク質だ。転写因子はそのまま、DNA上のキラリと輝く場所にくっついた。

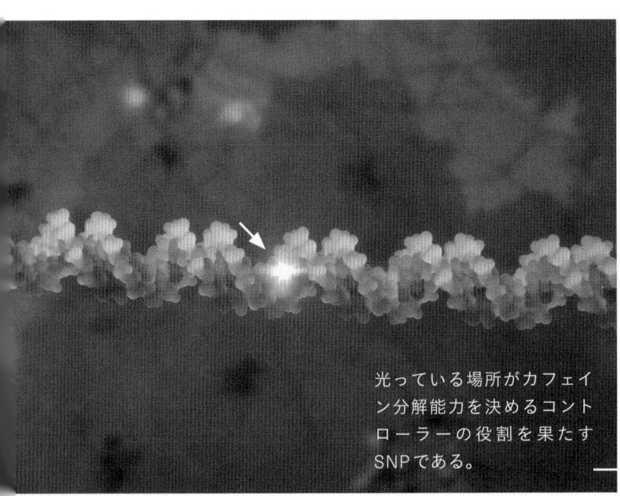
光っている場所がカフェイン分解能力を決めるコントローラーの役割を果たすSNPである。

SNPの上に、何かがふわりと舞い降りてきた。

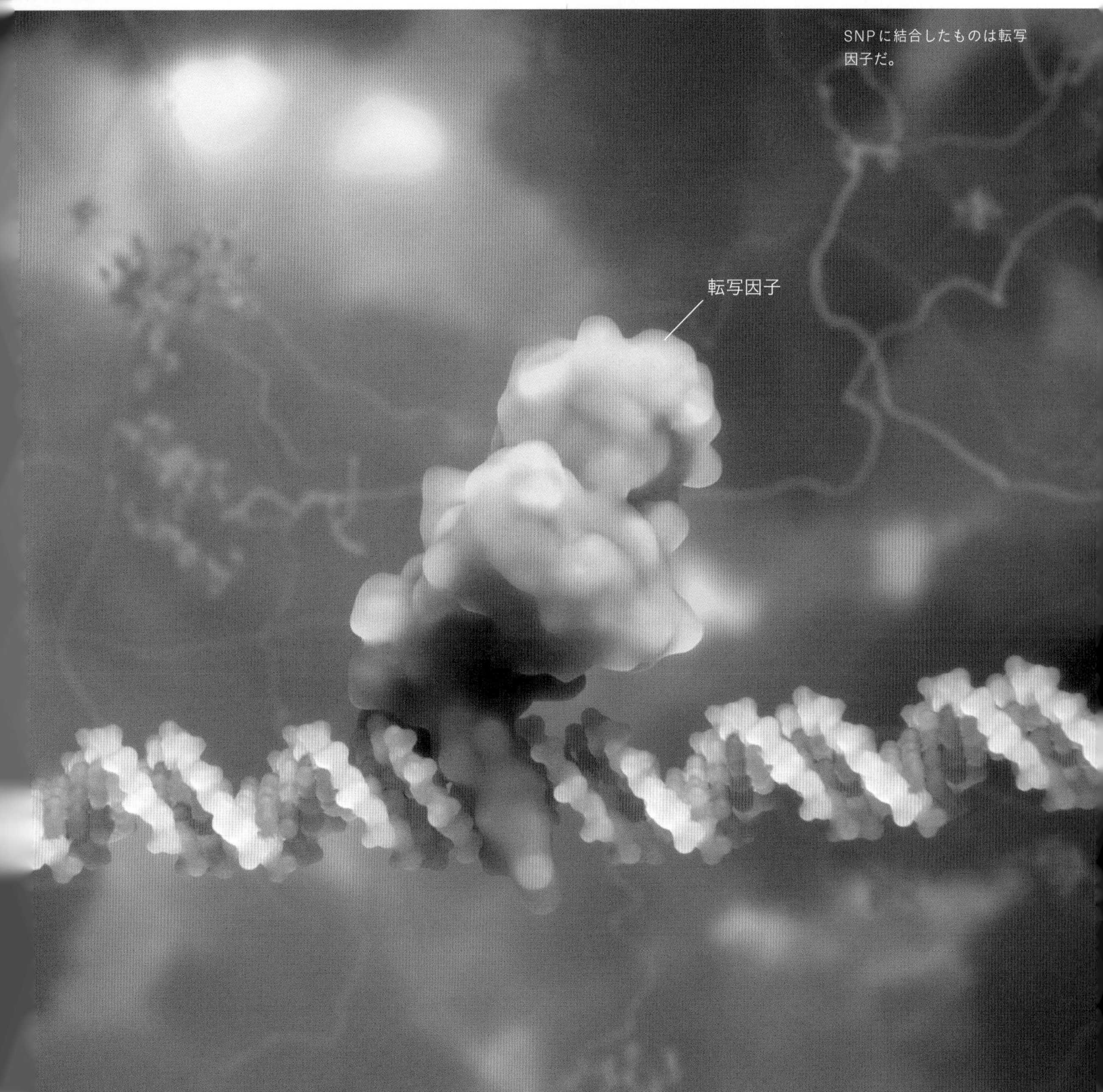
SNPに結合したものは転写因子だ。
転写因子

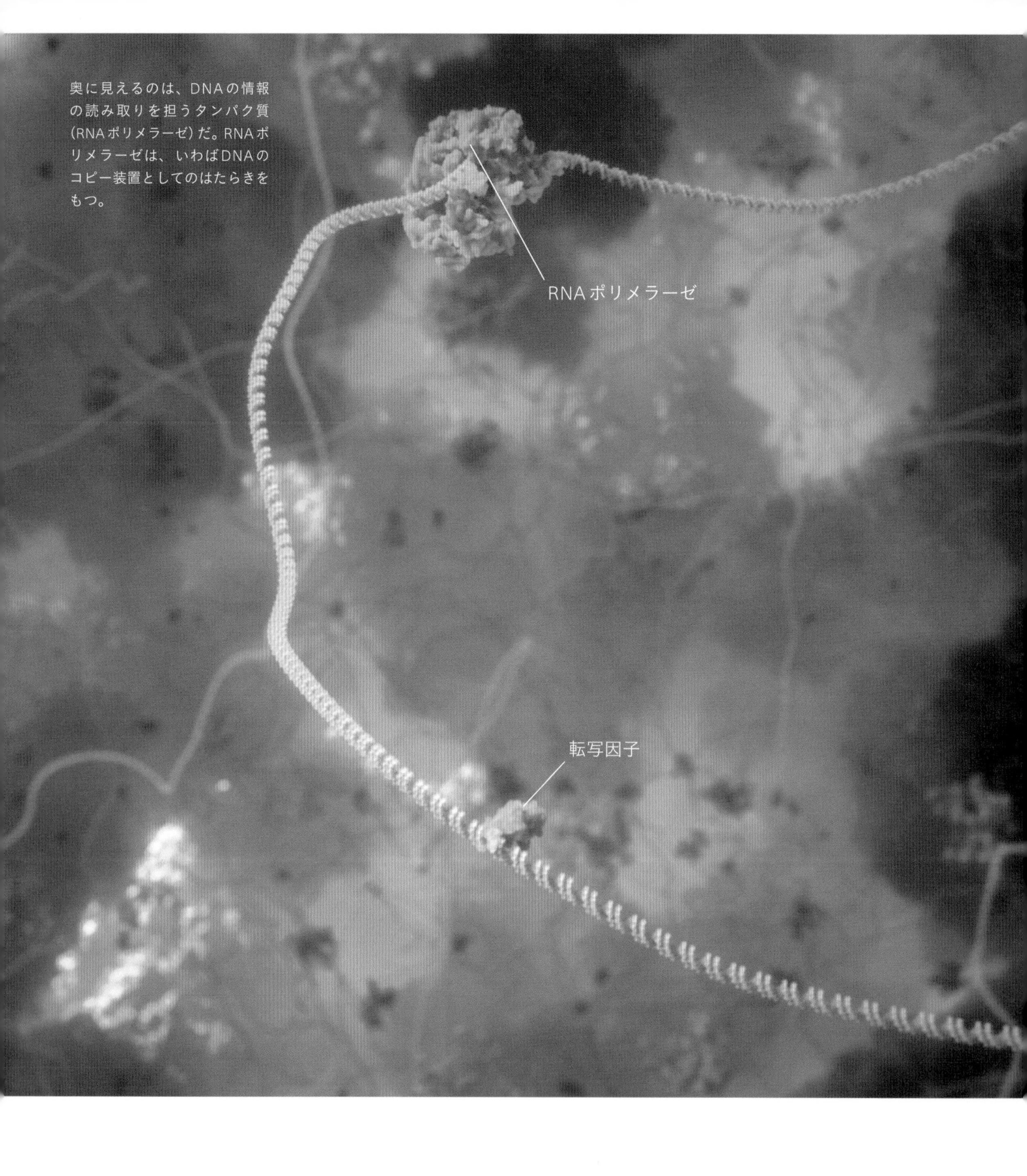

奥に見えるのは、DNAの情報の読み取りを担うタンパク質（RNAポリメラーゼ）だ。RNAポリメラーゼは、いわばDNAのコピー装置としてのはたらきをもつ。

そして転写因子はくっついたDNAごと、今度は別の場所に近づいていく。近づくその先は、青く塗られた遺伝子（コード領域）の端だ。そこにはDNAの読み取り機が待機している。このDNAの読み取り機は「RNAポリメラーゼ」とよばれる、こちらも酵素だ。この酵素はDNAの情報をRNAに写し取っていく、いわばコピー装置のようなはたらきを担う。

転写因子が、接触する。細胞内のタンパク質の活動は一瞬で起こり、まるで転写因子が叩いているかのように見える。

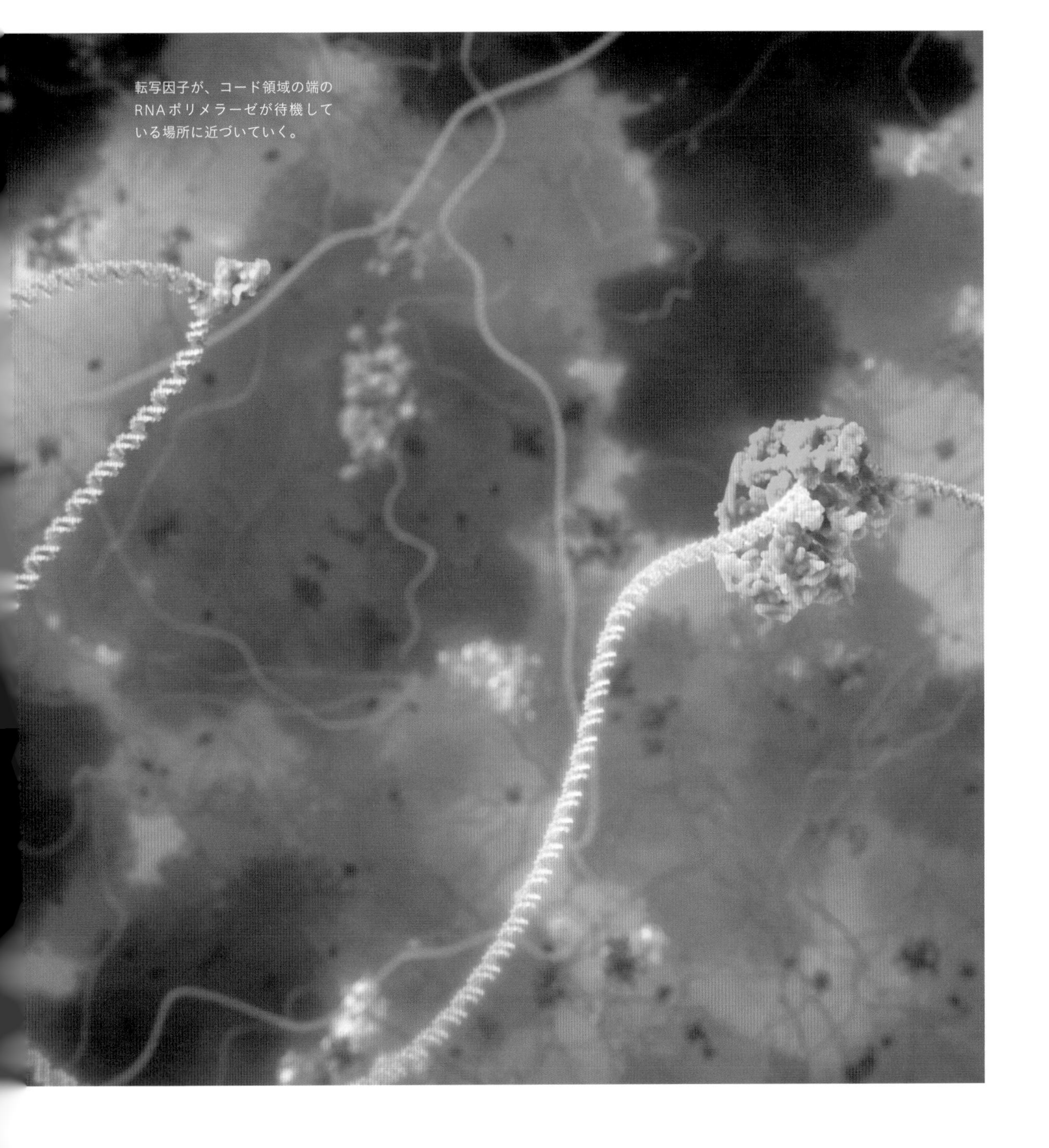

転写因子が、コード領域の端のRNAポリメラーゼが待機している場所に近づいていく。

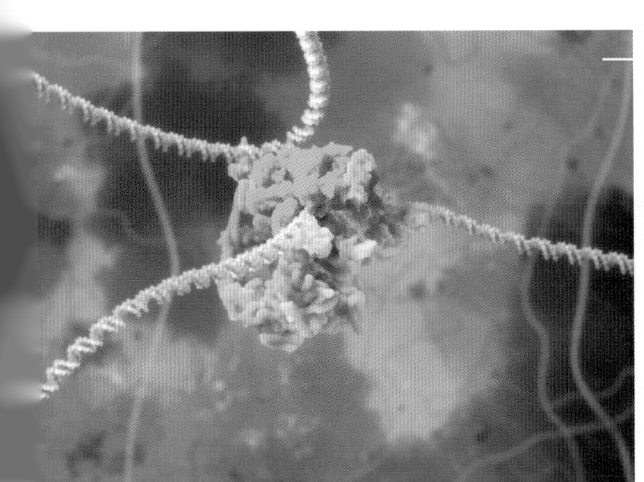

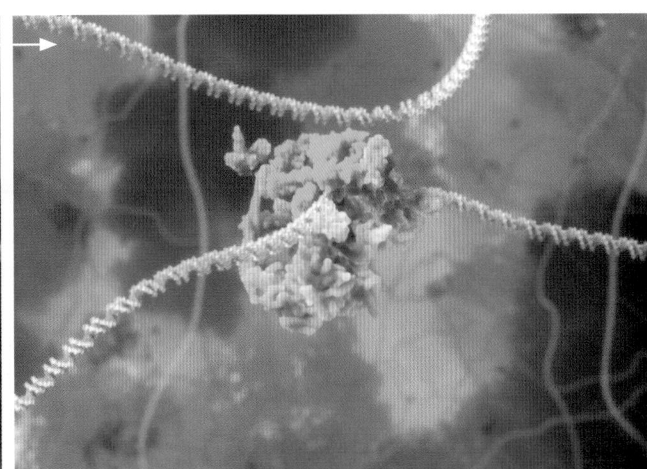

転写因子が接した次の瞬間、まるで電源をオンにしたかのように、RNAポリメラーゼがDNA上を走り出した。RNAポリメラーゼはDNA上を走りながら、次々とDNAの情報を読み取り、RNAを合成・転写していく。

RNAポリメラーゼの転写の速度は毎秒40塩基。猛スピードで転写が進んでいく。RNAポリメラーゼはDNAの情報を読み取りながら、自分とその周りのDNAの二重らせんをほどき、読み取っている側のDNAの塩基とペアになる塩基を選びとる。DNAがA(アデニン)であればRNAはU(ウラシル)、DNAがC(シトシン)であれば、RNA側はG(グリシン)。AはU、CはGと、DNAの二重らせんと同じように相補的な

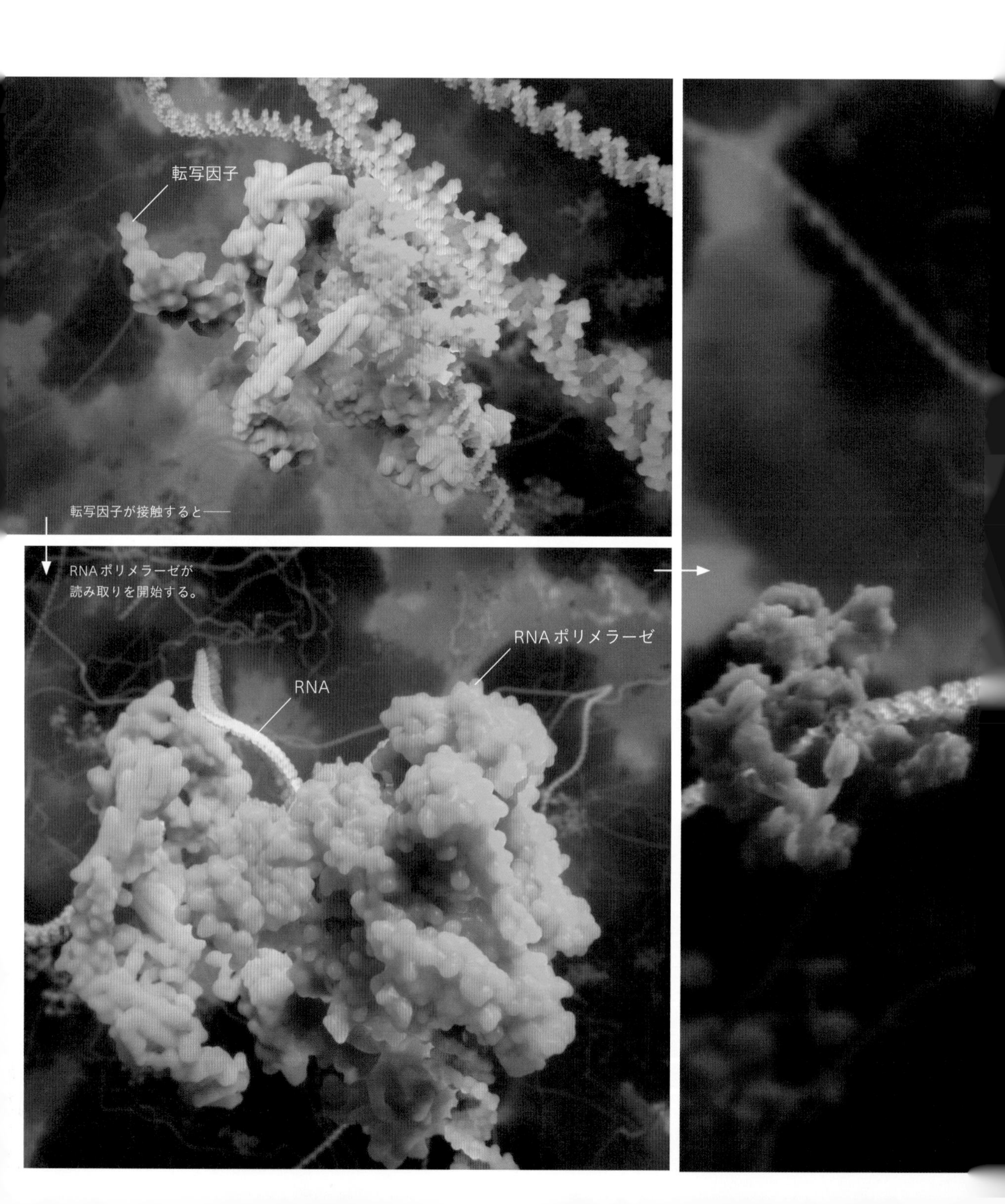

転写因子が接触すると──

RNAポリメラーゼが
読み取りを開始する。

関係にあるものが選択され、選ばれたRNAの塩基をつないでいく。こうしてRNAが紐のようにどんどん長くなっていく。さらにRNAポリメラーゼは、読み取りのためにほどいたDNAをもとの二重らせんに戻すという作業も行っている。

ここまで複雑な作業が、ものすごい短時間で行われている。本当に驚異的なスピードだ。このようなことが、私たちの身体をつくっている細胞の中で今このとき、この瞬間も行われている。

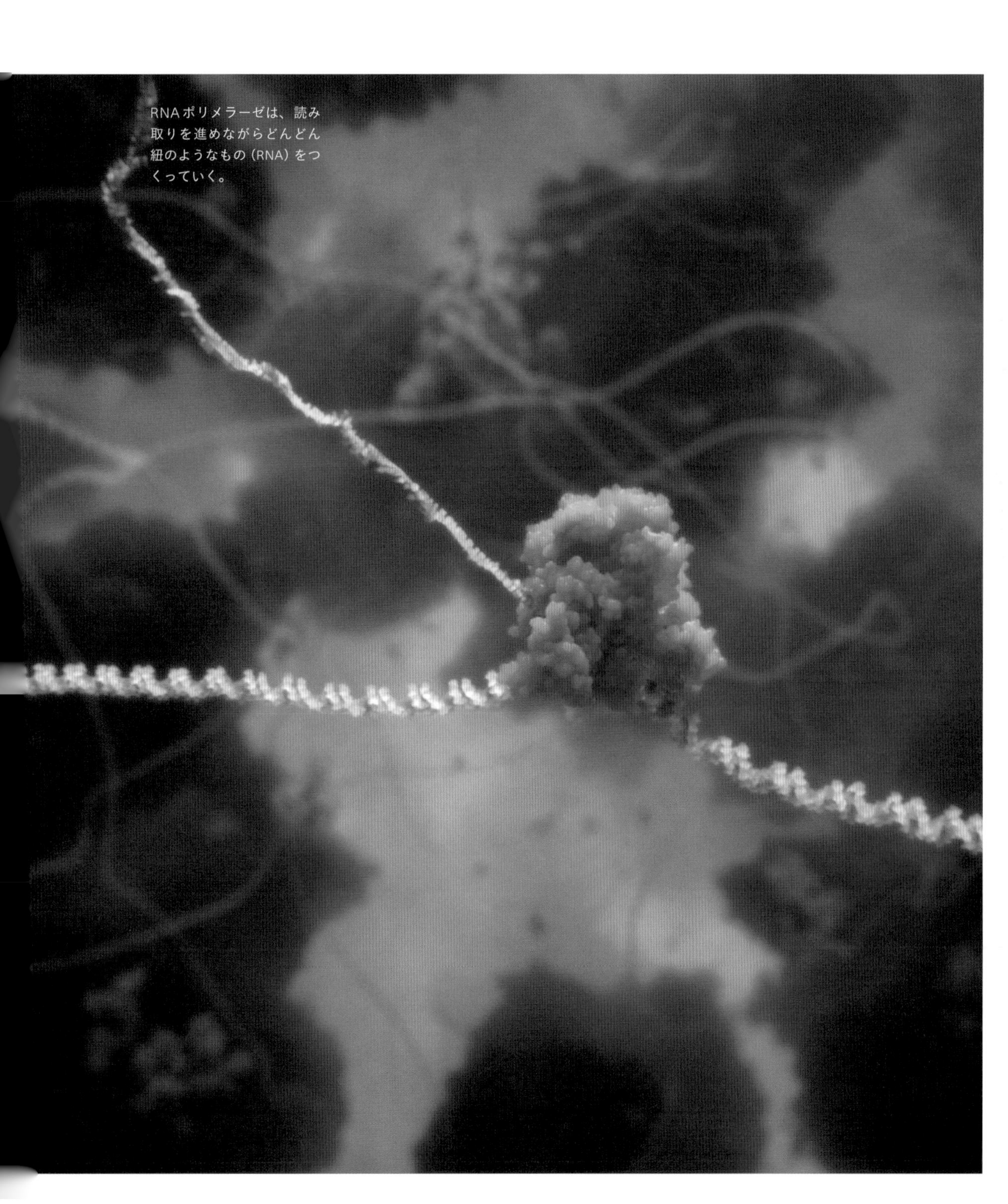
RNAポリメラーゼは、読み取りを進めながらどんどん紐のようなもの（RNA）をつくっていく。

タンパク質の生産を促進する塩基配列「エンハンサー」

物質は、大きさが変わると時間軸も大きく変化するという。物質が小さくなればなるほど、私たち人間のスピード感覚で言えば速い動きになっていく。細胞の中のタンパク質は私たちの想像をはるかに超える速度で活動している。逆に考えると、タンパク質サイズのものから私たちを見たら、スローモーション、もしくは停止しているかのように見えるかもしれない。

遺伝子が読み取られるとき、最初にキラリと光った場所の1つの塩基はいったい何をしていたと考えられるのか？ CGを作るにあたり静岡県立大学教授の吉成浩一博士に話を聞いた。エルソヘミー博士が今回のカフェインのケースで示したrs752551というSNPと、カフェイン分解酵素に関わることがわかっている「AhR」という転写因子の関係について、あくまで未証明の仮説の一つと断った上で、「その1つの塩基は、転写因子とSNP部分との結合のしやすさを左右していたと考えられます」と吉成博士は教えてくれた。

このrs752551というSNPに、A（アデニン）があるとより転写因子と結合しやすく、結果として、カフェイン分解酵素をたくさんつくれるようになる。転写因子AhRはDNAの読み取り機であるRNAポリメラーゼのいわばボタンを押すスタート装置のような役割をしており、AhRが読み取り機発射装置のボタンを押すと、RNAポリメラーゼはそこからDNAの写し取りを始める。このrs752551にAhRが結合しやすいほど、RNAポリメラーゼが発動される頻度は高くなる。DNAの中でこのような転写を促進するはたらきをする領域を、専門用語で「エンハンサー」という。専門用語が多くなり難解だが、できあがるタンパク質を音楽に例えるならば、転写因子が結合したエンハンサーはちょうど音量を上げるボリュームのような役割をしている場所だと考えてもらうとイメージしやすいかもしれない。

focus on

スプライシング

読み取られたRNAは一部分が切り取られ、別のはたらきをすることもある

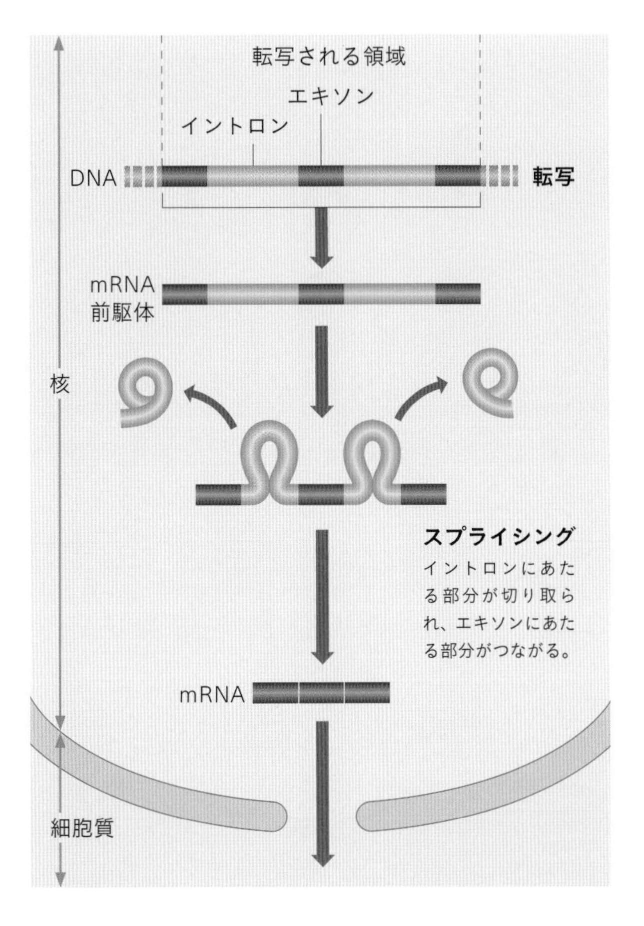

今回組上に上がっているカフェイン分解に関わるSNPは、DNAからRNAにコピーされる領域にありながらも、非コード領域部分に含まれることがわかっている。DNAから写し取られたRNAには最初、タンパク質の翻訳には直接的には役に立たない情報が含まれており、この部分はバッサリ切り取られる。この切り取り過程は専門用語で「スプライシング」とよばれ、切り取られずに残った部分は「エキソン」、切り取られた配列部分は「イントロン」とよばれる。切り取られる前のRNAを「mRNA（メッセンジャーRNA）前駆体」といい、切り取られておおむねエキソンの部分だけになったRNAを「mRNA」という。このイントロン部分、つまり非コード領域のSNPがカフェイン分解酵素をたくさんつくる役割を果たしていた。

最近では、イントロンとして切り離された切れ端のような小さなRNAの断片にも、mRNAやタンパク質の合成に干渉することで最終的にタンパク質の生成に影響を与えるといった役割があることもわかり始めている。

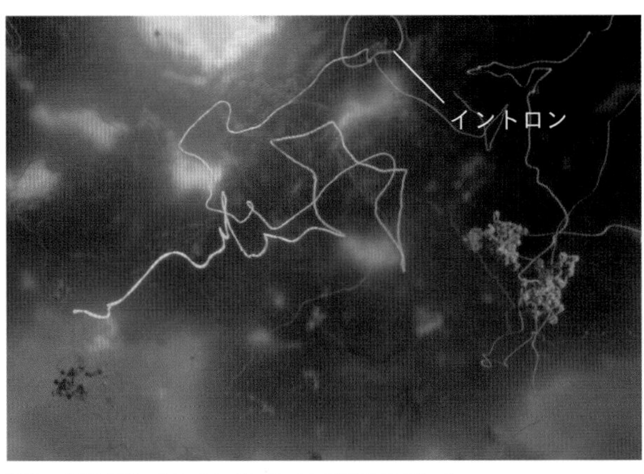

細かい部分だが、CGでもイントロンは描かれている。

RNAポリメラーゼから、
RNAが切り離される。

3つの塩基配列が1つのアミノ酸をコードする

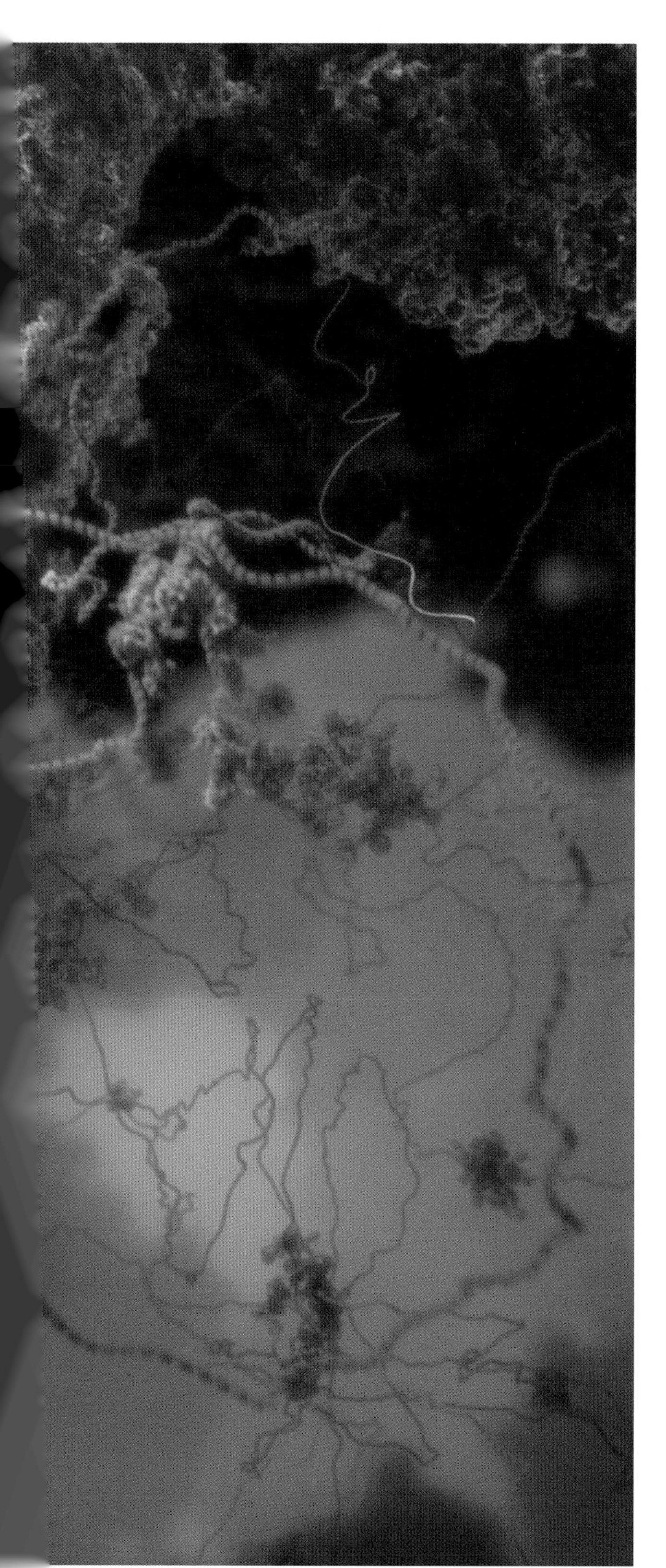

ここからはいよいよ遺伝子の情報がタンパク質へと変換される過程を見ていこう。ここでもタンパク質の共同作業や、その精緻さに驚かされる。まるで一つひとつの登場する物質が意思をもった生きもののようにすら見えてくる。

翻訳

RNAポリメラーゼから切り離されたRNAは、スプライシング（p.67参照）を経てmRNAとなり核の外へと向かっていく。実際にタンパク質をつくる作業は、核の外側の細胞質で行われる。CGでは表現されていないが、核膜孔の手前でmRNAは数秒間停止し、なんらかの加工を受けてから、細胞質へと飛び出すそうだ。

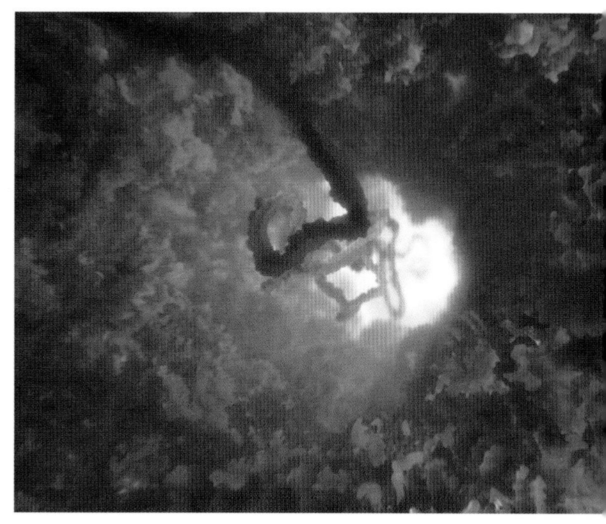

切り離されたRNAはmRNAとなり、核膜孔へ向かう。

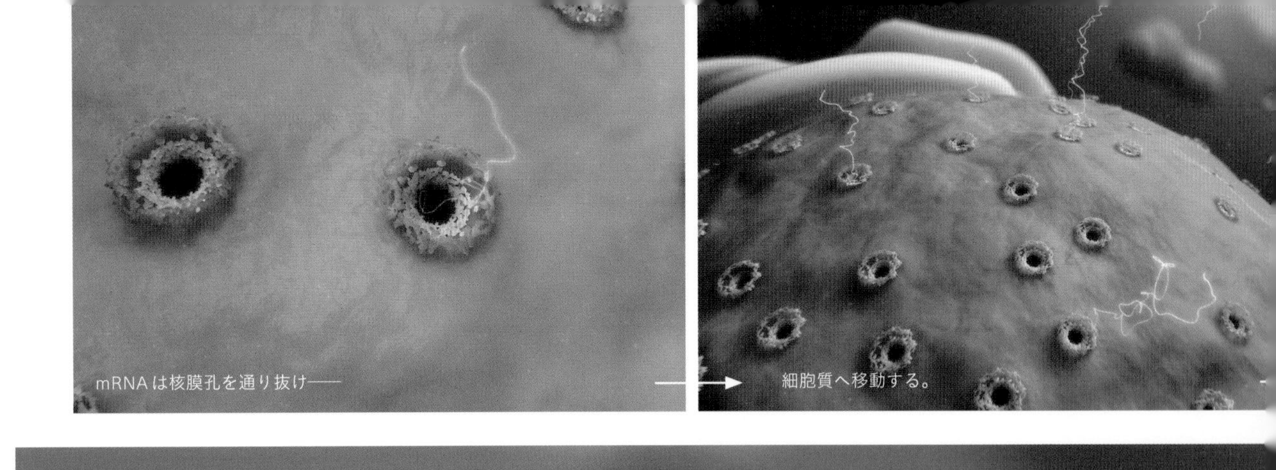

核を振り返ると、核膜孔からさまざまなmRNAが飛び出してきているのを確認できる。細胞の核内では、カフェイン分解酵素以外にも日々私たちが生きるために必要なタンパク質をつくり出している。1日に生産するタンパク質量は成人1人当たりおよそ250 g、1つの細胞あたりのタンパク質分子の総量は30億という見積もりもある。それだけの数のタンパク質が日々私たちの身体で合成されている。これまでに登場したRNAポリメラーゼも酵素も転写因子もそれらすべてがタンパク質だ。タンパク質は私たちの身体をつくり、動かす実行部隊だ。

飛び出したmRNAはリボソームというタンパク質にキャッチされる。ここが、タンパク質がつくられる現場だ。

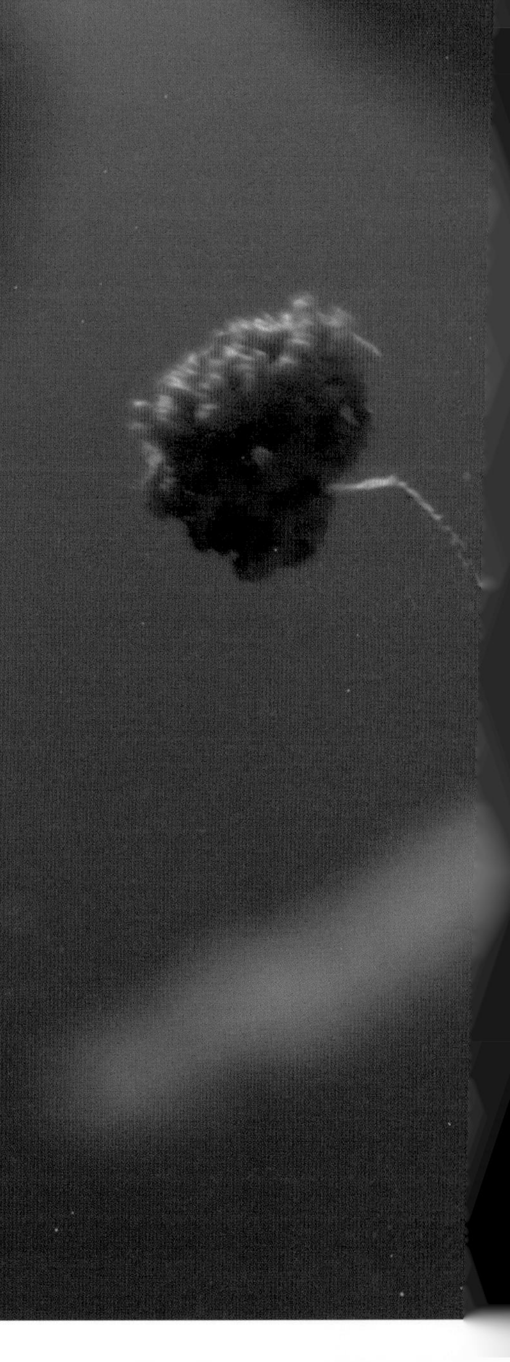

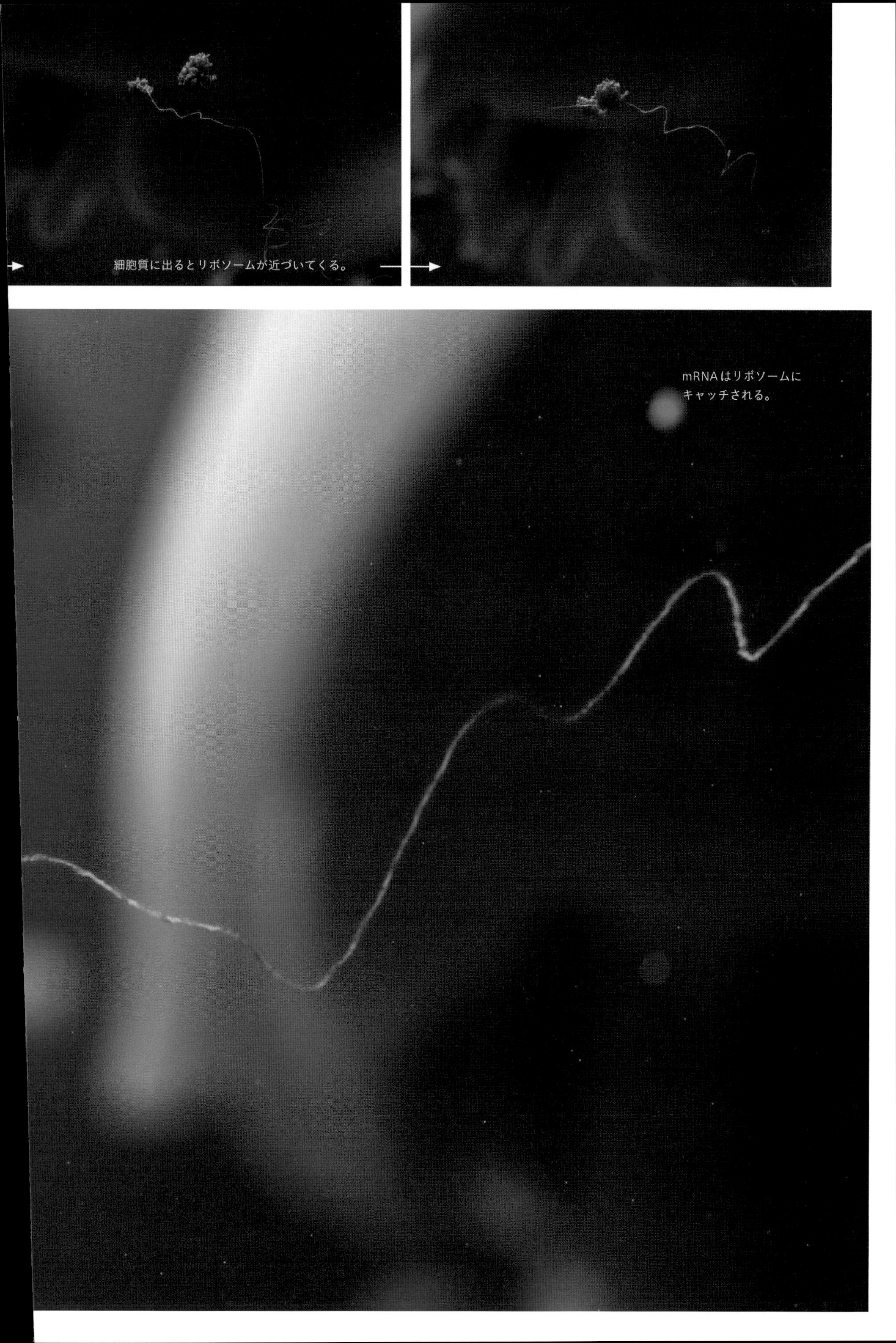
細胞質に出るとリボソームが近づいてくる。
mRNAはリボソームに
キャッチされる。

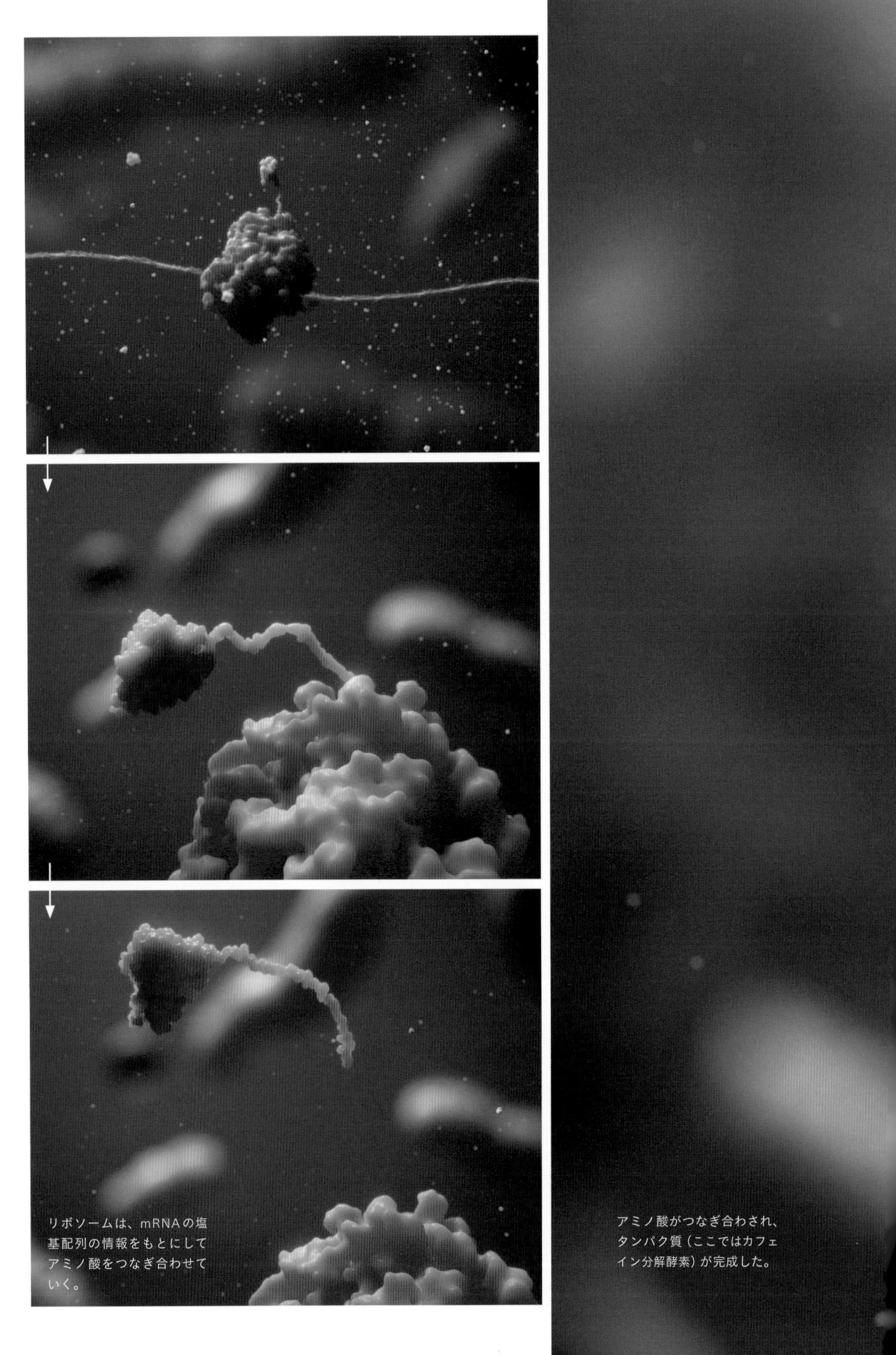

リボソームは、mRNAの塩基配列の情報をもとにしてアミノ酸をつなぎ合わせていく。

アミノ酸がつなぎ合わされ、タンパク質（ここではカフェイン分解酵素）が完成した。

リボソームの中では、RNAの3つの塩基が1組となって1つのアミノ酸に読み替えられる。3つ並んだ塩基配列が、1つのアミノ酸配列をコードする暗号となっている（p.76参照）。こうしてアミノ酸が結合し、数珠上の連なった並びができあがる。DNAがもつ塩基配列がRNAに転写され、その情報がアミノ酸の並び、つまりタンパク質へと翻訳されたことになる。

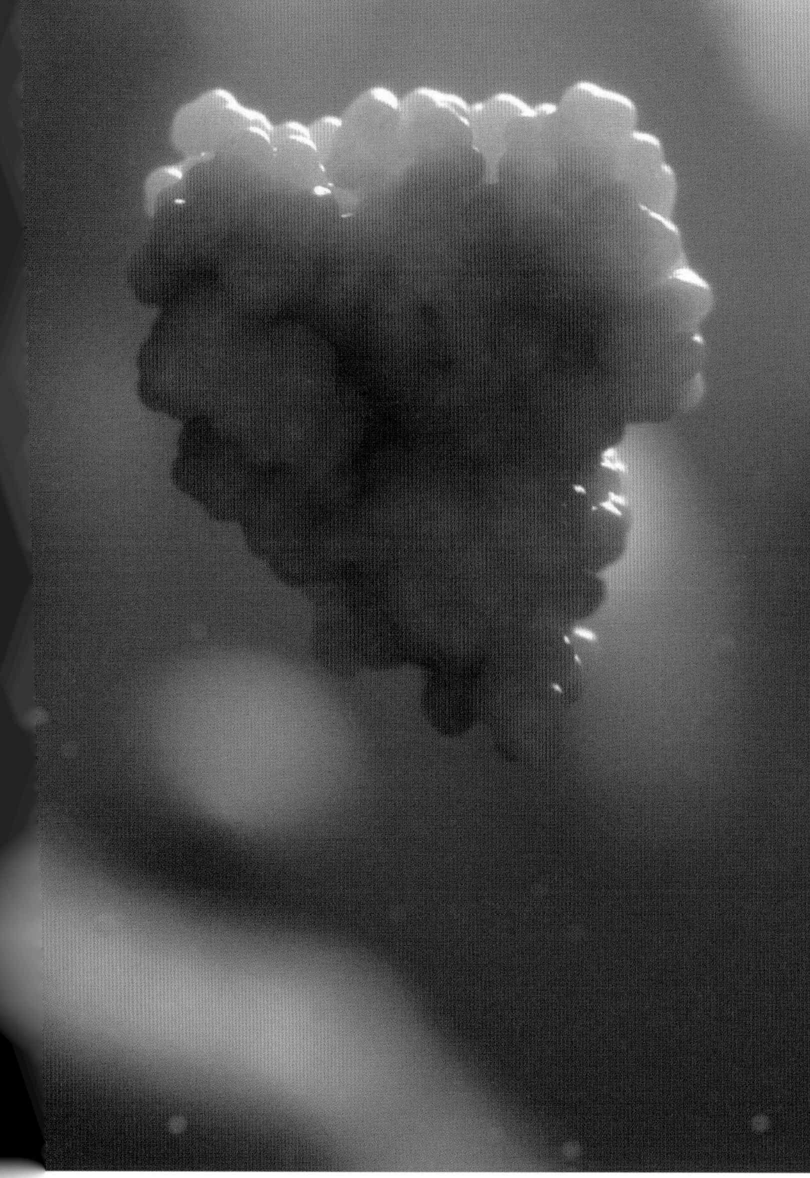

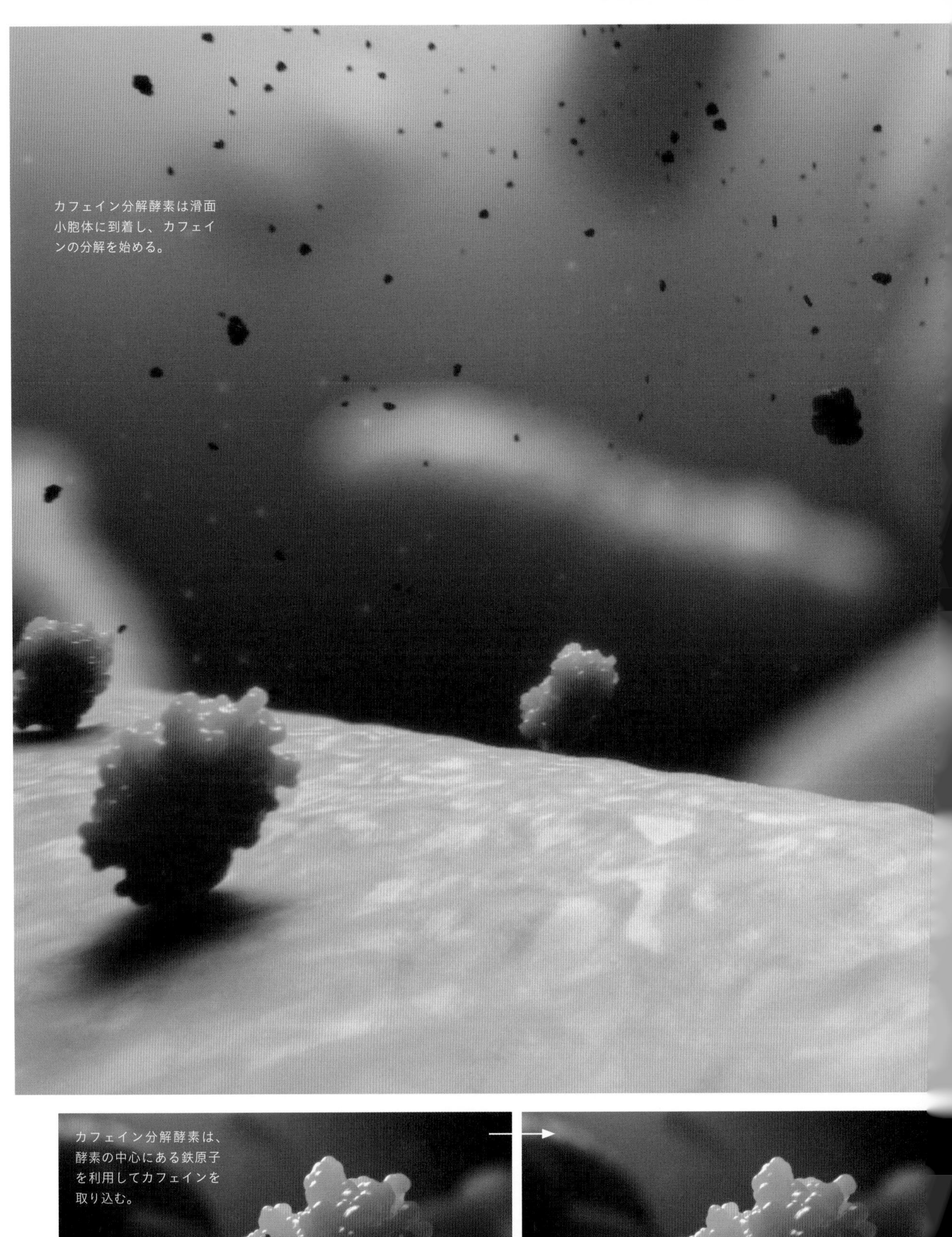
カフェイン分解酵素は滑面
小胞体に到着し、カフェイ
ンの分解を始める。

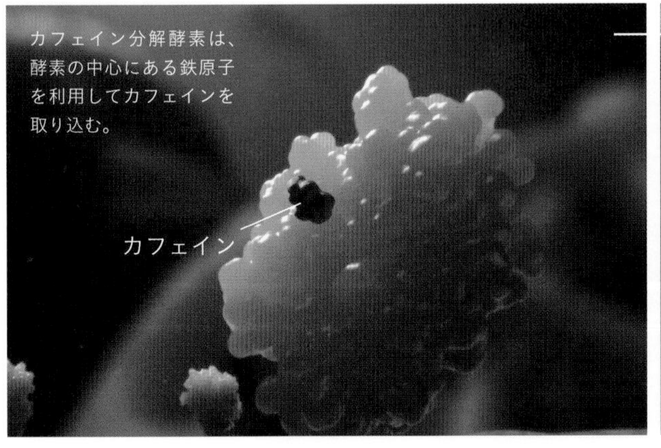
カフェイン分解酵素は、
酵素の中心にある鉄原子
を利用してカフェインを
取り込む。
カフェイン

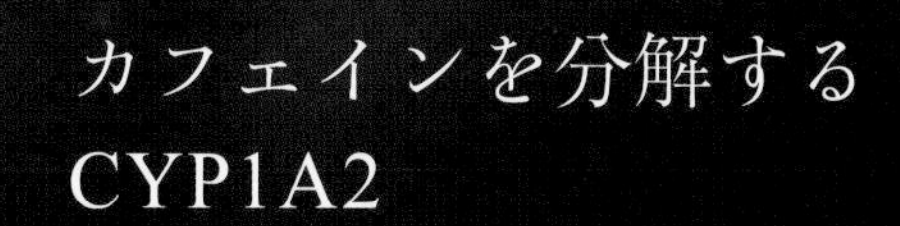

カフェインを分解するCYP1A2

カフェイン分解酵素のCYP1A2というタンパク質は、滑面小胞体上で機能することが知られている。小胞体とは、細胞内にある小器官の一つで、滑面小胞体と粗面小胞体がある（p.13参照）。それぞれ形状や細胞内の分布も異なっている。通常、粗面小胞体上にリボソームが点在していて、そのため粗面小胞体はでこぼこして見える。それが粗面という名前の由来だ。タンパク質は粗面小胞体上で合成されることが多い。粗面小胞体は通常重なった座布団のように描かれ、滑面小胞体は分岐する枝のように描かれることが多い。

滑面小胞体に到着したカフェイン分解酵素は、滑面小胞体上でカフェインの分解を始める。酵素の中心部分には鉄原子が含まれており、これを利用して取り込んだ物質を酸化する。カフェインを酸化することで別の物質に変え、分解するのだ。

取り込んだカフェインを酸化させ別の物質に変えることで分解する。

focus on

遺伝暗号表

核膜孔から飛び出してリボソームにキャッチされるmRNAには、4種類の塩基が並んでいる。その4種類は、A（アデニン）、U（ウラシル）、G（グアニン）、C（シトシン）。DNAの塩基配列の種類とは1文字だけ異なっている。DNAは「A」「T」「G」「C」なのに対して、RNAは「A」「U」「G」「C」。核内でコピー機がDNAを読み取るときには、「A」のペアとしては「U」が選択される。DNAでは「A」と「T」、「G」とCがペアであり、こうした関係を「相補的」とよぶ。翻訳のときは、mRNAの連続した3つの塩基を一組として、1つのアミノ酸が指定される。

核膜の外の細胞質には、mRNAの暗号を認識する「tRNA（転移RNA）」というRNAがあり、mRNAの3つ一組の暗号に合う1つのアミノ酸をくっつけてリボソームまでやってくる。tRNAもやはり3つの暗号をもっていて、その暗号はmRNAと相補的な関係にある。そして「合成ストップ」の意味をもつ3つの塩基の配列（「終止コドン」という）まで来ると、アミノ酸をつなぐのを止める。

たとえば、mRNAが「GAA」という配列ならtRNAは「CUU」という配列をもっていて、リボソーム上でペアとなる。「CUU」というtRNAはグルタミン酸というアミノ酸を運んできていて、リボソーム上で次にやってくるtRNAが運んできたアミノ酸と自らのアミノ酸を結合する。新たなtRNAがリボソームにやってくると、その前段階のときに結びついていたtRNAから、数珠つながりになったアミノ酸を受け取る。リボソームは、mRNAの配列に合わせて次々にやってくるtRNAを受け入れ、そのtRNAが運んできたアミノ酸をどんどんつないでいく。

DNAやRNAの3つの塩基配列に対して、どのアミノ酸を指定するのかを示した表は「遺伝

コドン表の解読終了はコールド・スプリング・ハーバー研究所で宣言された。ニューヨーク郊外の美しい湾の一角にあるその研究所は、ゆっくりとした時間の流れを感じさせる風景とは裏腹に、最先端の分子生物学が展開される場だ。

暗号（コドン）表」とよばれる。1950年代頃、生物学者の間では、この暗号を解こうと熾烈な競争が行われた。その突破口を開いたのがマーシャル・ニーレンバーグらの研究だった。最初に解明された遺伝暗号は「UUU」、これがフェニルアラニンというアミノ酸を表していることがまず明らかになった。そして、コドン表の解読終了宣言が出されたのが1966年6月。分子生物学のメッカ、コールド・スプリング・ハーバー研究所で宣言された。

64通りの遺伝暗号のうち、61通りはアミノ酸が指定され、どのアミノ酸にも対応しない3通りは、「終止コドン」といって、アミノ酸をつなぐ作業の終了を意味することが明らかになった。この終止コドンは、ヒトだけではなく、植物も、微生物も、ウイルスですら同じコドンを使用していることがわかっている。進化という面から考えても、とても古い起源であることを想起させる。

mRNAの終止コドンの場所までリボソームが移動すると、アミノ酸をつないでいく作業は終わる。まるでコードでプログラムを動かすコンピュータのようだ。

リボソームから離れたアミノ酸の配列は、それだけではきちんと機能することができず、正しく折りたたまれることでその機能を発揮できる。CGには描かれていないが、タンパク質が正しく折りたたまれるよう手助けをする「介添えタンパク質（分子シャペロン）」というものもある。さらに、正しく折りたたまれたかどうかをチェックするしくみも細胞はもっていて、プロテアソームなどほかのタンパク質がタンパク質構造の出来をチェックして、ダメなものは破壊したりしている。タンパク質が正しい形で存在し、機能を発揮することは生体にとってさまざまな手段を講じるべきとても重要なことなのだ。

遺伝暗号表

1番目の塩基	2番目の塩基 U（ウラシル）		C（シトシン）		A（アデニン）		G（グアニン）		3番目の塩基
U	UUU	フェニルアラニン	UCU	セリン	UAU	チロシン	UGU	システイン	U
	UUC		UCC		UAC		UGC		C
	UUA	ロイシン	UCA		UAA	（終止コドン）	UGA	（終止コドン）	A
	UUG		UCG		UAG		UGG	トリプトファン	G
C	CUU	ロイシン	CCU	プロリン	CAU	ヒスチジン	CGU	アルギニン	U
	CUC		CCC		CAC		CGC		C
	CUA		CCA		CAA	グルタミン	CGA		A
	CUG		CCG		CAG		CGG		G
A	AUU	イソロイシン	ACU	トレオニン	AAU	アスパラギン	AGU	セリン	U
	AUC		ACC		AAC		AGC		C
	AUA		ACA		AAA	リシン	AGA	アルギニン	A
	AUG	（開始コドン）メチオニン	ACG		AAG		AGG		G
G	GUU	バリン	GCU	アラニン	GAU	アスパラギン酸	GGU	グリシン	U
	GUC		GCC		GAC		GGC		C
	GUA		GCA		GAA	グルタミン酸	GGA		A
	GUG		GCG		GAG		GGG		G

翻訳のしくみ

tRNAがmRNAのコドンに合うアミノ酸をくっつけてやってくる。
リボソームはtRNAが運んできたアミノ酸をつないでタンパク質をつくる。

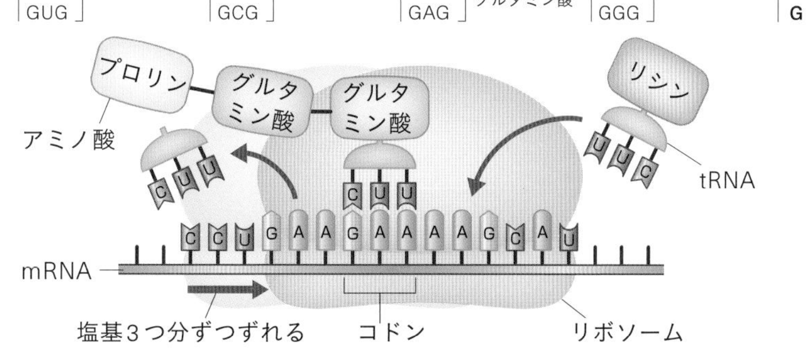

日本人の40%以上がカフェインの恩恵にあずかる

さてここまでで、DNAの98%の領域にあるSNP（rs752551）が、カフェイン分解酵素合成に関わるDNAからRNAへの写し取り（転写）を調節していることが、メカニズムとしても理解できたかと思う。SNPの塩基の違いが転写因子と結合する頻度に関わっているため、それが転写量を左右する。その結果として、rs752551というSNPの違いがコーヒーの効能に影響を与えるとエルソヘミー博士は考えている。エルソヘミー博士の研究では、59歳より若い被験者群において、カフェイン代謝が速い人びとはコーヒーに含まれる抗酸化物質のはたらきによって身体によい効果が得られ、カフェイン分解能力の低い人びとは1日2～3杯のコーヒーで心疾患にかかるリスクが67%もアップし、4杯以上では心疾患のリスクが2倍にまで膨れ上がったという結果が出ている。

こうした話を聞くと、自分はカフェインを分解しやすいのか、それともしにくいのかが気になるのではないだろうか？　日本人を対象とした研究結果について、2つの論文の数値を紹介しよう。カフェイン分解に関わる酵素の能力が高いと考えられる人、つまり分解速度が速い人（AA型）、中間の人（AC型）、遅い人（CC型）の割合は、ある論文では39%（AA型）、45%（AC型）、16%（CC型）という結果が出ており、別の論文では45%（AA型）、43%（AC型）、12%（CC型）という数値が報告されていた。どちらの論文でも、カフェイン分解能力が高いタイプが40%を超え、コーヒーの健康によい効果を享受できるということになっている。

エルソヘミー博士は、「rs752551」というSNPの違いがコーヒーの効能に影響を与えていると考えている。

focus on

CYP1A2

さらにほかの研究では、カフェインの分解と「オメプラゾール」という胃薬(消化性潰瘍治療薬)との関連に着目した実験が行われている。オメプラゾールの服用前、服用中、服用後でカフェインが分解されてできる代謝産物の量がどのように変わるかが調べられた。オメプラゾールが着目されたのは、オメプラゾールのような「プロトンポンプ阻害薬」という種類の胃薬によって、カフェイン分解酵素の量を調節する転写因子であるAhRのはたらき(活性)が強くなるということが研究者の間ではよく知られているからだ。カフェインを分解する酵素CYP1A2はカフェインの分解だけに関わっているわけではない。こうした胃薬の分解物などによっても体内での合成量が増えることがわかっている。

試験の結果、オメプラゾールの服用により転写に影響が出ていることが示唆された。オメプラゾールの服用前と服用後では、AhRの活性にはあまり変化が現れなかった。しかし、オメプラゾールの服用中については、SNP部分が15番染色体の2本ともA(アデニン)であるAA型の集団でAhRの活性が高いことが示された。

SNPは、転写因子の結合のしやすさのほかに、読み取ったmRNAの安定性やタンパク質合成にも関わっている可能性も考えられる。しかしオメプラゾールの服用前と服用後でAA型とAC型、CC型の間にあまり差が見られないことを考えると、タンパク質の合成時に原因があると推察できる。SNPの役割は転写因子の結合のしやすさに関わると考えるのが最も合理的であるという吉成浩一博士の助言に従って一連のCGは制作された。

カフェイン分解酵素のCYP1A2は、オメプラゾールなどの胃薬によってもはたらきに影響を受けることがわかっている。

自分のDNAをどのように考えるべきか

最近では、自分の遺伝子情報を簡単に調べられる民間の検査会社がたくさんあるので、すでに自分がどの型をもっているか知っている方もいるかもしれない。では、SNPさえ知っていれば、カフェイン分解能力といったあなたの体質が完璧に理解できるのだろうか。

実のところ、現状はあくまでもポテンシャルの問題であることに注意が必要だ。たとえば、カフェインを分解する酵素の生産を増幅するAhRという転写因子の量は、カフェインのみならず、アミノ酸のトリプトファンの分解物や、オメプラゾールのような胃薬(p.79参照)、さらにはタバコの成分でも増加する。つまり、あなたがどのような食生活を送っているか、嗜好品や薬を日常からどのくらい摂取しているかによって、酵素ができる量一つとっても影響が出てくるため、カフェインの分解能力は変化しうるということだ。

たとえゲノムの塩基配列はそう簡単に変わらなかったとしても、運命だと考える必要はない。もちろんゲノムの塩基配列は一生を通してほとんど変わらない。それでも、たった1つの塩基の違いだけではポテンシャルの一つの尺度でしかなく、本当の意味でのカフェイン分解の能力となると、あなたが生きているその暮らしぶりや環境を強く反映するものになる。

実際、コーヒーに関する健康効果については今も議論が続いている。2018年夏にも50万人のコホート研究[1]で、SNPとコーヒーを飲む習慣と寿命との関連性が調べられている。その論文では、どのタイプのSNPであってもコーヒーは健康によいという結果も報告されている。コーヒーにはさまざまな物質が含まれており、CYP1A2という酵素もカフェインだけではなくさまざまな物質の分解に関わっている。またCYP1A2の転写因子であるAhRもさまざま

転写因子であるAhRの量が増加すると、カフェイン分解酵素もたくさんつくられることになる。

な物質に影響を受けることから、非常に難しい検証であることは想像に難くない。

番組では、カフェイン分解酵素以外にも、耳たぶの大きさやはげやすさ（男性型脱毛症になりやすいかどうか）といった項目についての遺伝子検査を紹介した。司会の山中伸弥博士が解説したように、カフェインのように環境からの影響を受けやすいものとは違って、耳たぶは環境の影響が少ないと考えられており、しかも耳たぶに影響を与える遺伝子の数も少ない。そのため、SNPと実際の形状が結びつきやすいと考えられる。しかし、はげやすいかどうかについては、一説によると300近い遺伝子が関わっており、ストレスなど環境の影響も受けやすいと考えられている。そのため、たった1つの塩基配列の違いを見ただけでは、現状や将来を予測するのは難しい。それでもポテンシャルはわかり、ゲノムのビッグデータを利用したアルゴリズムは日々進歩していることは確かだ。そして、多くの人が参加してデータを蓄積し、その検証を重ねていくことが、本質の良し悪しは抜きにしてより実用的な判定という成功への近道であることは推測できる。

1: ある調査対象の経過を一定の期間観察して、そこで発生した現象とその因子との関連を研究する手法。

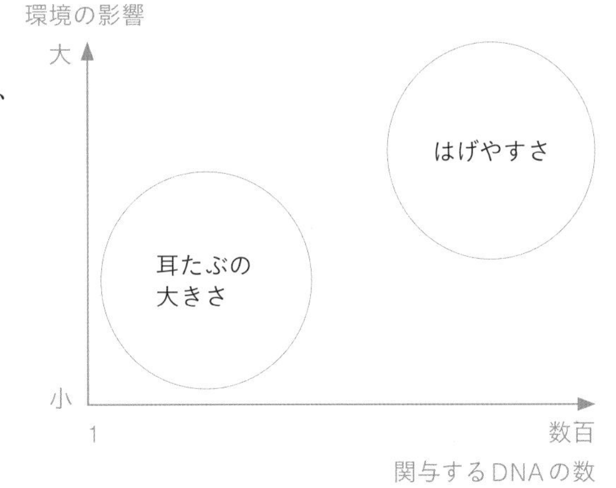

カフェイン分解酵素の量を左右するAhRの量は、ある種の胃薬やたばこの成分などでも増加することが知られている。

focus on

あなたに適した食べものとは？

結局私たちは何を食べれば健康に生きられるのだろうか。実のところ、現在まさにそうした研究が進められている最中であり、確かな結論は出ていない。たとえば、地中海式料理や和食は健康によいとよく報道されたりするが、そうした食事があなたの身体に本当に合っているかどうかはよくわからないというのが現状だ。研究で発表されるデータは、ほとんどが多くの人を対象にしたコホート研究であり、確率的に当たる可能性は高いが、厳密にあなたの健康と関連しているかどうかは謎なのだ。なぜなら、あなたの身体は40兆もの細胞と1,000兆個とも言われる細菌たちとともにある。それら一つひとつがある種のアルゴリズムをもっている。さらに天候や周囲の人びととの関係など、予測できない要素に満ちあふれているからだ。

それでも研究者は、あきらめてはいない。新しい分野としてエピジェネティクス（第2集で詳しく解説）や、腸内細菌などを研究し、その人自身のゲノムにあった栄養学「プレシジョン栄養学」を目指そうとしている。

プレシジョン栄養学を進めている国際科学栄養連合（IUNS）会長のアルフレッド・マルチネス博士は次のように語る。

「プレシジョン栄養学とは自分の遺伝的な背景をもとに、社会的な環境の良し悪し、身体活動などのライフスタイル、エピジェネティクスおよび遺伝学、

家族の病歴史なども考慮すべきだというものです。将来的には誰であれ、その個々人の特定の遺伝子的、生理的特徴を考慮に入れた最適な食事法が見つかるでしょう」

遺伝子も、エピジェネティクスも個人の嗜好も、家族の遺伝的な背景、病歴、運動のパターンも考慮した栄養学。こうした試みはすでに始まっている。たとえばイスラエルのワイツマン研究所のエラン・エリナフ博士は、800人以上の被験者で1週間の血糖値レベルの追跡を行い、5万種類の食事に対する反応を調べて、同一の食事であっても、

自分が属する集団の伝統的な食事は、自分に適している確率が高い。
（写真提供：PIXTA）

個人個人で反応に大きな差があることを発見した。その結果、ある食品に対する血糖値の上昇は、人によって千差万別であることがわかったという。ある人ではバナナに高い反応を示し、クッキーにはなんの反応も示さない人がいる一方で、その逆の反応を示す人もいた。どの食品がどのような影響をその人に及ぼすのか、血糖値一つをとっても個々人で大きく異なることがわかってきている。博士らはこうしたデータと血液分析や身体測定、活動量、ライフタイル、腸内細菌叢といったデータを集積したビッグデータを利用したアルゴリズムを作ることで、その人に最適な食事療法を提案しようとしている。

では、現時点でそのような情報をもたない私たちは、どのように食事の指針を立てるべきなのだろうか。あなたが病気などの問題を抱えていないのであれば、SNPの情報が人種や民族によって異なっていることからも、自分が所属する集団の伝統的な食事が自身のゲノムや細菌叢に合っている確率は高いといえる。長い進化によってもたらされた身体や環境は、過去の自分たちの祖先が暮らしてきた環境を少なからず反映している。もしあなたの家系が日本人ならば、和食がよい可能性が高い。ただしこれもあくまで確率の話に過ぎない。また、もし糖尿病や高血圧など、とくに生活習慣に関わる持病がある場合は、医師の診断を仰ぐことが大切だ。

focus on

CG制作の現場から

番組で放送されたのはわずか数分ほどのCGだ。しかし、ここには驚くほどたくさんの、およそ研究とは関係もないような問いが詰まっている。その問い一つひとつに専門家の立場から答えをくれたのが、東京工業大学教授の木村宏博士と静岡県立大学教授の吉成浩一博士だ。カフェインの分子はどのように細胞内へ入ってくるのか、ゲノムは通常時はどのように動いているのか、それはどのくらいの速さなのか、量的にはどのくらいか、そうしたことを全過程で詰めていく。どんなに気をつけていても、詰めきれないことが出てきてしまう。科学的に少しでもリアルなものを作ろうとすると、研究者の協力なくしてはなしえない。さらにその背後に多くのCGクリエイターが集い、精巧なCGが形になった。

また動きの参考になったのは、京都大学教授の高田彰二博士がスーパーコンピュータ「京（けい）」を用いて行ったシミュレーションである。ゲノムと「*p53*遺伝子」というがん抑制遺伝子が、まるでダンスでもしているかのように動いているこのシミュレーションデータは、わずか0.1秒間で行われている出来事を20回もスパコンで計算することで再現されたものだ。体内の分子の動きがどれほどの速さで行われているかが実感できるものだった。

そしてCGに関して、もう一つ。流れていた効果音にも耳を傾けてみてほしい。仮に「細胞の中はどのような音がするのか」と尋ねられたとき、あなたならどのように答えるだろうか。もし私たちの身体をつくる細胞たちの音が一斉に聞こえてしまったとしたら、あまりに騒々

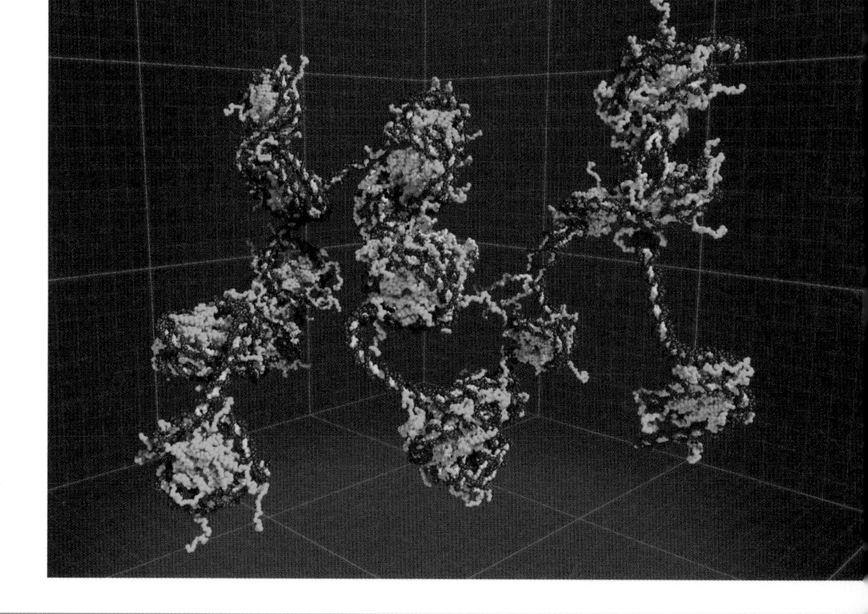

京都大学教授の高田彰二博士によるスパコン「京」を使ったシミュレーション。白色で描かれているものは、「*p53*遺伝子」というがん抑制遺伝子だ。（データ提供：京都大学教授・高田彰二博士）

しくて普通の生活は送れないだろう。すべての生業はサイレントに進んでいるように思える。しかし、もし数ナノメーターほどのタンパク質分子と同じサイズに自分がなったとしたら、いったいどのような音が聞こえてくるのだろうかと想像してみる。

今回のCGの効果音は、とても面白い方法で作り上げられている。生物学に詳しい読者なら知っているかもしれないが、かつてゲノムの塩基配列をもとに音楽をつくった科学者がいた。塩基配列に音を当てはめ、音楽にする試みだ。遺伝学者の大野乾博士が演奏したものだった。

音声チームにはアーティストの立石従寛氏とシーナ・アキコ氏が加わり、大野博士の話をヒントに新しい試みに挑戦した。DNAを構成している塩基には「A」「T」「G」「C」の4種類がある。DNAの塩基のモル数を計算し、それぞれの質量に比例した木片や金属片を作り、DNAの塩基配列に合わせて音階を表現したのだ。英米独の表記ではドレミの「ド」は「C」と略される。そこで、塩基配列の「C（シトシン）」を「ド」の音になるよう調整し、実際のゲノムの塩基配列に従って音楽を作り上げた。科学とは一見関係のないような分野にも、こんなふうに科学的な知識を活用することができるのだ。

さらに核内では、たった1種類の遺伝子が読み取られているわけではなく、そこかしこで転写が起きている。立石氏らは、もし核内に入ることができたなら転写の音はきっと多重で奥行きがあるだろうと考え、その音を再現するために、200以上の音の重なりが前後左右の深さをもって表現されるようにプログラムで音楽をデザインした。非常に精緻で豪華な効果音が加わりCGを盛り上げた。

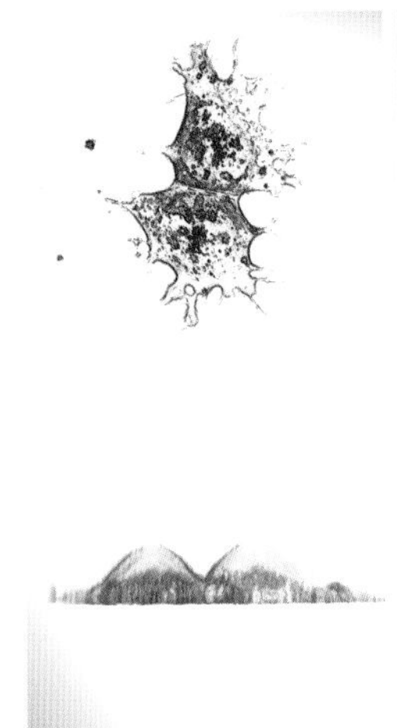
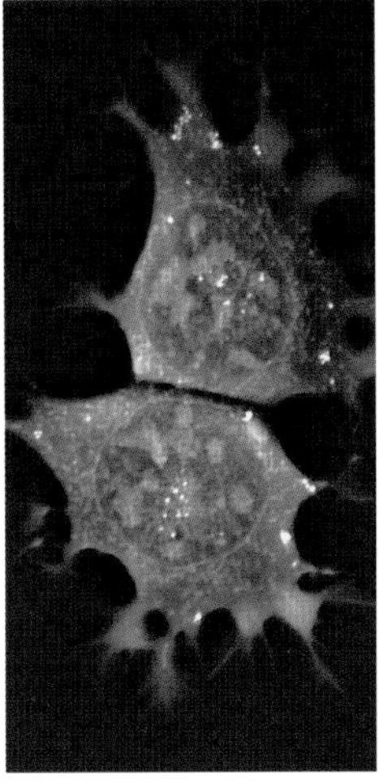

3次元生体イメージングによって、生きた細胞の中のDNAを初めて立体的にとらえた様子。
（画像提供：Nanolive）

MOVIE：
『STEM CELLS』

part

4

あなたも“ヒーローDNA”の持ち主かもしれない

——何気なくごく普通の毎日を送っている人の中にこそ、
宝物が眠っている。

イギリスに暮らすスティーブン・フレンド博士は、
耐えがたい挫折の教訓を経て、世界中のごく普通に暮らす人びとの中から
しかるべきヒーローを探す決意をした。

50万人分というとてつもない数の人びとのゲノム情報を調べ上げ、
わずか13人にまで絞り込むことに成功する。

難病を克服しうる可能性を秘めた13人のヒーローたちだ。
ヒーローは、絶望的と考えられてきた難病を克服するパワーを秘めている。

気がついていないだけで、あなた自身もヒーローかもしれない。
世界中の人たちを救うDNAがあなたの中にも眠っている可能性がある。

あなたと私の違い。その多様性こそが、いのちを救う。

100歳を超える
人たちがもつ
最強のゲノムを知りたい

「私の名前はリチャード・オバートン。109歳だ。まだ歩けるし、しゃべれるし、車の運転もできるよ」

アメリカ・テキサス州で暮らすリチャード・オバートンさんは20歳の頃からタバコを吸い続けてきた。109歳になっても1日におよそ12本、ときにはそれ以上吸うこともあるという。タバコには非常に多くの有害物資が含まれており健康に悪影響だと言われている。それにもかかわらず、ヘビースモーカーのオバートンさ

109歳のリチャード・オバートンさん。ヘビースモーカーだが、100歳を超えても車の運転など日常生活に不自由なく暮らしている。

んはなぜ100歳を超えてなお健康でいられるのだろうか。

また、ニューヨーク州に暮らす108歳の女性ルイーズ・レビーさんは大のお酒好き。10代から始めたタバコは40代でやめたというものの、今でも毎晩のお酒は欠かさない。ルイーズさんは「ワインは毎晩飲んでいます。若い頃から運動は大の苦手で、ほとんどしていません」と語るが、100歳を超えた今でもカードゲームを1日数時間も仲間と楽しむ、とても明晰な女性だ。

108歳のルイーズ・レビーさんは、毎日お酒を飲み、若い頃から運動はほとんどしていないというが、今でも1日数時間も仲間とカードゲームを楽しんでいる。

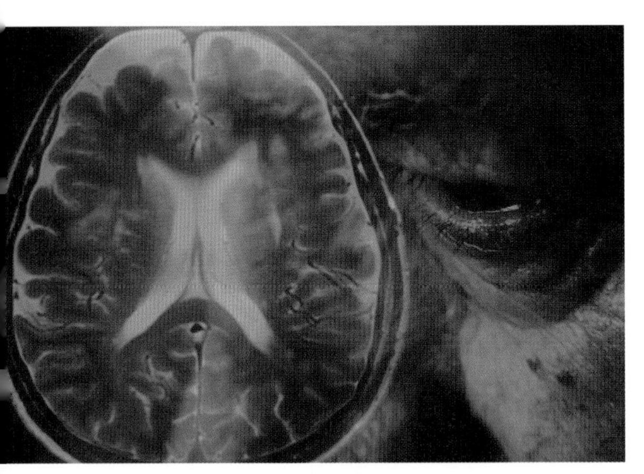

バージライ博士によれば、ある種のゲノム変異をもつ人は、アルツハイマー病にかかっても認知機能の低下が少ないという。

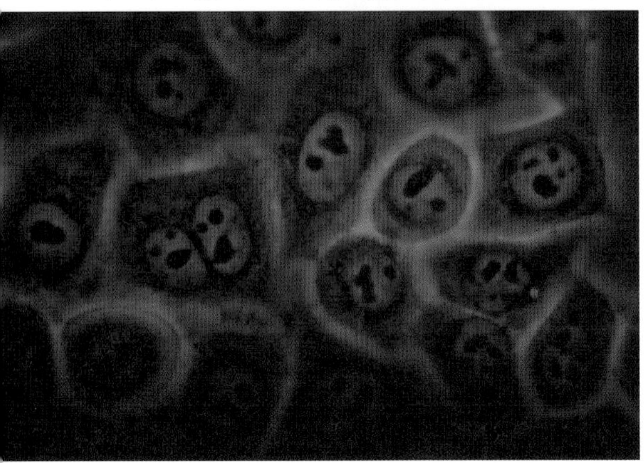

がんを防ぐ力を高めるゲノムの変異など、病気から身体を守る防御的なDNAをもつ人びとが次々と見つかっている。

アルバート・アインシュタイン医科大学教授のニール・バージライ博士は、長寿の人たちがなぜ長生きできるのかを研究している。

2017年の世界人口統計によれば、アメリカ人の平均寿命は79歳。男性が76歳、女性は81歳である。こうした中で100歳を超える長寿の人びとを研究したのが、アルバート・アインシュタイン医科大学教授のニール・バージライ博士だ。平均寿命を20歳超えても長生きできる秘密はいったいどこにあるのか。博士はそうした人びとの生活習慣やゲノムをこと細かく調べていった。

まず生活習慣から見てみよう。100歳を超える人たちの50%近くは肥満体で、60%の男性と50%の女性が喫煙習慣をもっていた。さらに家事や散歩、自転車といったきわめて軽い運動でさえ50%は行っていなかった。これは通常の健康常識から考えるとよくない生活習慣だ。肥満は慢性炎症を誘発し、生活習慣病をもたらすとされており、喫煙行為は多くの発がん物質を体内に取り込むだけではなく、がんのほかにも呼吸器疾患や循環器疾患の原因となることが知られている。普通に考えると、長生きできそうな生活習慣だとは到底思えない。いったい、こうした人たちがなぜ長く生きることができ

るのか？

まず、バージライ博士は彼らが“最強のDNA”、つまり理想的なゲノムの配列をもつからこそ、不健全な生活習慣でも長生きできるのではないかと仮説を立てた。病気の原因になるようながん遺伝子や、アルツハイマー病になるような遺伝子をもち合わせておらず、健康へ悪さをする遺伝子が一つもないような理想的な遺伝子の組み合わせをもっているからこそ、生活習慣がよいものでなくても長生きができるのだろうと推測したのだ。

DNAの変異が健康を維持する

ところがその仮説は裏切られることになる。

100歳を超える人の中には、女優アンジェリーナ・ジョリー氏の手術で有名になった乳がん抑制遺伝子である「*BRCA1*遺伝子」に変異をもつ人もいれば、アルツハイマー病になりやすい遺伝子をもつ人もいた。つまり100歳を超える人は普通の人に比べて病気になるリスクの高い遺伝子をもっていないという理由で長生きをしているわけではなかったのだ。バージライ博士が調べた44人の100歳を超える人たちには、病気をもたらすとされるゲノムの変異が平均1人あたり5つ以上もあることが明らかになっている。

100歳を超える人たちが“最強のDNA”をもっていないというのならば、いったい彼らは普通の人びとと何が違うというのだろうか？バージライ博士は「彼らは、私たちのDNAにはない特別なゲノムの変異をもっているからこそ、好きな暮らし方をしながらも長生きできるのです」と語る。

100歳を超える人たちにあって、私たちにないもの。それは、特別なゲノムの変異だという。たとえば、バージライ博士はコントロール群（つまり普通の人）と比べ、100歳を超える人たちに2倍の確率で存在するコレステロールに関わる2つのゲノムの変異を発見している。

また、イギリスのレスター大学教授のマーティン・トービン博士らの研究では、タバコから肺を守るゲノムの変異なども報告されている。日本国内の疫学研究では、通常、喫煙は慢性閉塞性肺疾患（COPD）という肺の病気による死亡率を3倍近く高めることが知られている。ところが、このゲノムの変異には喫煙による肺の炎症を抑えるはたらきなどがあると考えられていて、そのはたらきによって、肺を守るゲノムの変異をもつ人びとは、COPDにかかる遺伝的リ

イギリス・レスター大学教授のマーティン・トービン博士。「98%の領域にあるDNAが、まるで病気を治す薬のようなはたらきをもっているのです」と語る。

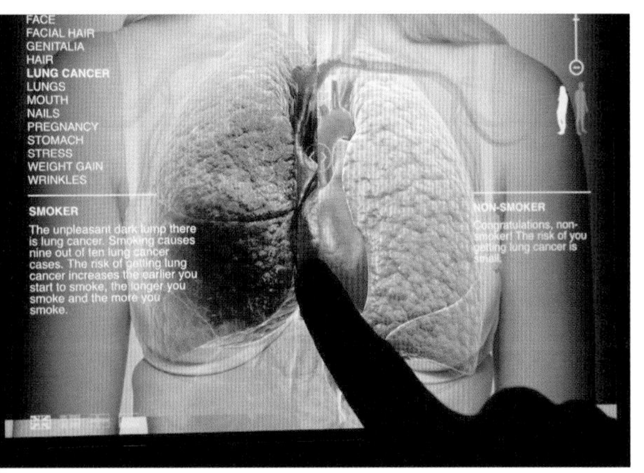

トービン博士らの研究から、タバコの有害物質から身体を守るゲノムの変異をもつ人もいることがわかっている。

スクが高い人びとに比べて80%近くもリスクが下がることわかっている。

バージライ博士はこうした一連の研究から、100歳を超える人たちが長生きできる理由は彼らが老化を起こしにくいゲノムの変異をもっているからであると結論づけた。本来であれば病気になってもおかしくない変異をもちながらも発症しないでいられるのは、老化を遅らせる別の変異によって保護されているからだという。

focus on

ミトコンドリアのDNAに眠る宝の山

ミトコンドリアや葉緑体はそれぞれ独自のＤＮＡをもつ別の生物だったが、何かのきっかけで細胞膜をもつほかの生物に取り込まれて共生を始め、細胞小器官となった。そのため、これらの細胞小器官は二重の膜をもつと考えられている。これを細胞内共生説という。

核についても、古細菌が共生したという説もあり、核膜の起源について複数の説が提唱されているが、決着はついていない。

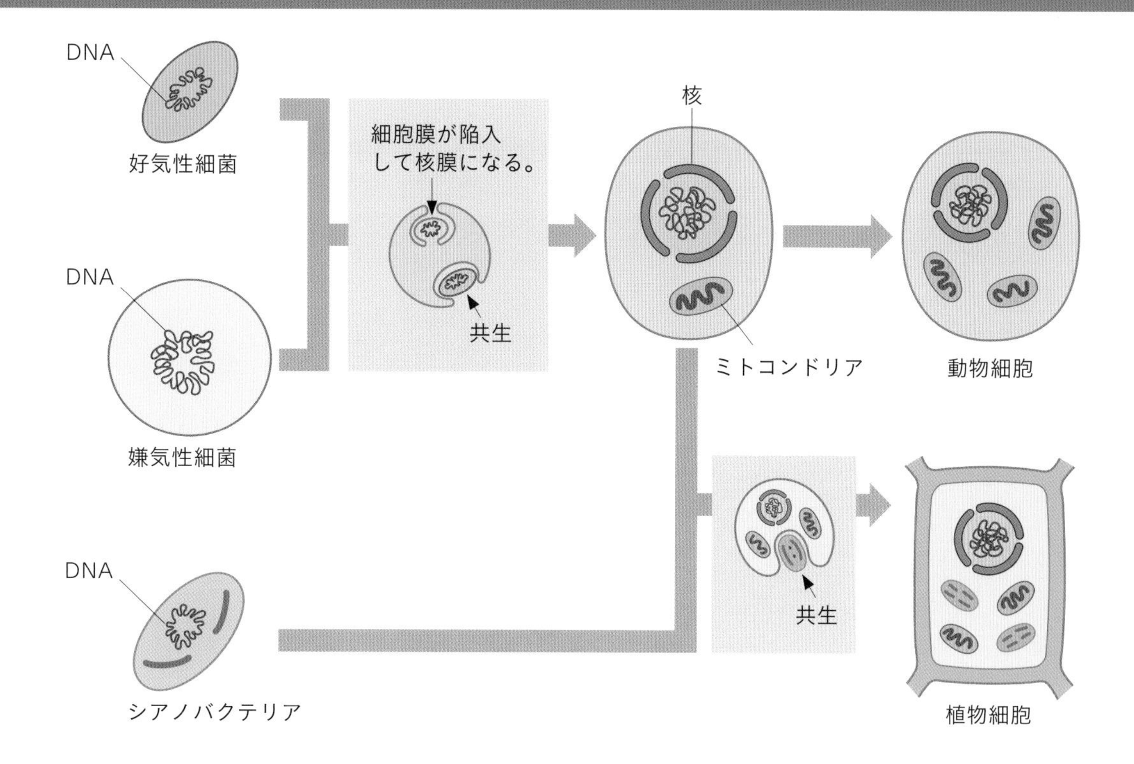

バージライ博士はミトコンドリアの中にもたくさんの宝の山を発見しているという。宝の山とはもちろん、100歳を超える人たちがもつミトコンドリアゲノムの特別な変異のことである。

ミトコンドリアは私たちの細胞内にある小器官の1つだが(p.13参照)、もともとは別の生物が共生したものだと考えられている。この「細胞内共生説」は1967年に提唱された。ミトコンドリアは、かつてプロテオバクテリアの仲間であって、独立した生命体だったと考えられる。それが何かのきっかけで細胞膜をもつ別の生命体に取り込まれ、共生を始めた。そのためミトコンドリアは、それ自体に独自の遺伝物質・DNAをもっている。

しかし、ミトコンドリアゲノムの多くは、宿主である核のDNAに移行していることもわかっている。細胞内に入り込んだ別の生きものが間違って反乱を起こさないよう、宿主の核ゲノムがきちんと封じ込めを行っているのだ。

細胞内でのミトコンドリアの役割は、酸素と糖を利用して細胞のエネルギーであるATPを効率よくつくり出すことである。ミトコンドリアを使わないでATPをつくる場合と比較すると、ミトコンドリアを使ってATPをつくる場合ではおよそ19倍にも効率が上がる。ミトコンドリアと共生したことで、大きなエネルギーを得られるようになり、私たちの祖先に多細胞化の道がひらけたという説もある。

バージライ博士は、そのミトコンドリアに私たちの身体を保護するようなゲノム配列が山のように含まれていると語る。エネルギー代謝と老化が表裏一体の現象であることを考えると、エネルギー代謝に大きく関わるミトコンドリアゲノムの中に宝の山が眠っているということも理にかなっていると言えるかもしれない。

隠れたヒーロー

これまでのゲノム研究の方向性とはまったく異なるアプローチで病気の人びとを救おうとしている研究者がいる。その研究者とは、イギリス・オックスフォード大学教授のスティーブン・フレンド博士だ。

フレンド博士は、普通に健康に暮らしている人びとの中から知られざるヒーローを探し出そうとしている。ゲノムの変異の中には、その変異をもっていると必ず病気になるということがわかっているものがある。ところがそのタイプのゲノムの変異をもつにもかかわらず、なぜか問題なく健康に暮らしている人たちがいるというのだ。フレンド博士はそうした人を探し出し、なぜその人が病気になっていないのかを解明することで薬や治療法を開発して、同じゲノムの変異をもち病気に苦しんでいる人びとを救うためのプロジェクトを立ち上げている。これは、今までの医学の常套手段とはまったく別方向からのアプローチだ。

「私たちは今まで病気の原因となるゲノムの変異ばかり探していました。でも本当は、病気になるべき変異をもった人が病気にならない理由をもっと研究するべきなのです」フレンド博士は、本来なら病気になるような変異をもちながらも、健康に暮らす人びとを“ヒーロー”と呼んでいる。

フレンド博士が従来とは別方向のアプローチにたどりついた理由は、これまでのキャリアの中にあるという。フレンド博士はかつて小児腫瘍医だった。フィラデルフィアで研修医を行っていたときのことだ。ある日、一人の少年とその父親が診察室に訪れた。その子の左目は腫瘍を患っていた。いろいろ調べていくと、彼の父親の左目にも、同じ腫瘍があるということがわかった。その後に少年がたどるであろう経過を思うとつらく、また一方で、わが子に対して生まれながらに自分と同じ病気という運命

オックスフォード大学教授のスティーブン・フレンド博士は、病気になってもおかしくない遺伝子変異をもっているにもかかわらず健康に暮らしている“ヒーロー”を探すプロジェクトを行っている。

を負わせることになってしまった父親の気持ちを思うといたたまれなくなった。この経験が、困難な遺伝子病に立ち向かいたいという強い思いを抱く動機になったという。当時のフレンド博士は「君の病気の原因はこれだよ」と告げることはできたが、多くの病気に対しては「だから、こうすれば君の病気は治せるからね」と言葉を継ぐことができなかった。心の奥底で自分は医師として落第だと感じていたという。これまでと同じ研究の仕方をしていても、解決策は見い出せない。それまでのゲノム研究では、病気の原因となる遺伝子を探すことに注力

されてきた。そのことで診断は下せるかもしれない。しかし、治療法は見つからない。では、いったいどうすればいいのだろうか？

その大きなヒントになったのが、「ヒト免疫不全ウイルス（HIV：human immunodeficiency virus）」に暴露[1]されながらも、まったく発症しない不思議な患者の存在とその研究だった。イギリスのロックバンド・クイーンのヴォーカリストであり、2018年公開の大ヒット映画『ボヘミアン・ラプソディー』の主人公として描かれたフレディ・マーキュリーの命を奪ったのもこのHIVであった。HIVによって引き起こされる「免疫不全症候群（AIDS（エイズ）：acquired immunodeficiency syndrome）」は、1980年代後半から1990年代にかけて暗雲が立ち込めるように世間を震撼させた謎の病だった。ところがそんなさなかにありながらも、HIV感染者との性行為をくり返し複数の高い感染のリスクにさらされてきたにもかかわらずHIVに感染していないと思われる不思議な人たちが見つかってきていた。1990

1: 細菌やウイルスなどにさらされること。

年代前半の話だ。

いったいなぜ彼らはHIVに感染しないのだろうか？　それもやはり、彼らがもつ特別なゲノムの配列にあった。免疫細胞の細胞膜には、膜タンパク質「CCR5受容体」がある。HIVはこのCCR5受容体に結合して細胞内に侵入するのだが、それはまるでCCR5受容体という鍵穴にぴったりの合鍵でドアを開けるかのように入り込むのだ。侵入後、HIVは増殖し、免疫細胞を中から破壊して、免疫システムを崩壊させる。侵入の際の標的がCCR5受容体であるということが複数の研究グループによって明らかにされた。

その後、HIVに感染する機会が何度もありながらもHIVに感染しなかった人は、このCCR5受容体をつくる「*CCR5*遺伝子」に変異が起きていることがわかった。その変異によってCCR5受容体をうまくつくることができず、HIVが免疫細胞に侵入するための鍵穴がない人たちであったことが明らかとなった。白人のうちの約10%は、この*CCR5*遺伝子に関連する塩基配列に変異があり、ある系統のHIVが細胞内へ侵入できないことが明らかになった。これらの研究をもとにCCR5受容体を阻害する薬剤がつくられ、今ではHIV治療に大きな効果をもたらすようになったのだ。

なぜ健康でいられるのかという逆転の発想

フレンド博士は、これまでのゲノム研究の流れ、つまり病気の人が病気になる原因を探るという方向で研究を続けていても治療に結びつかないことに失望していた。何か新しいやり方が必要だ。そうしたときに、HIVのような例を見て気がついたのだ。「なぜ一部の人が健康でいられるかを考えるべきではないか？」

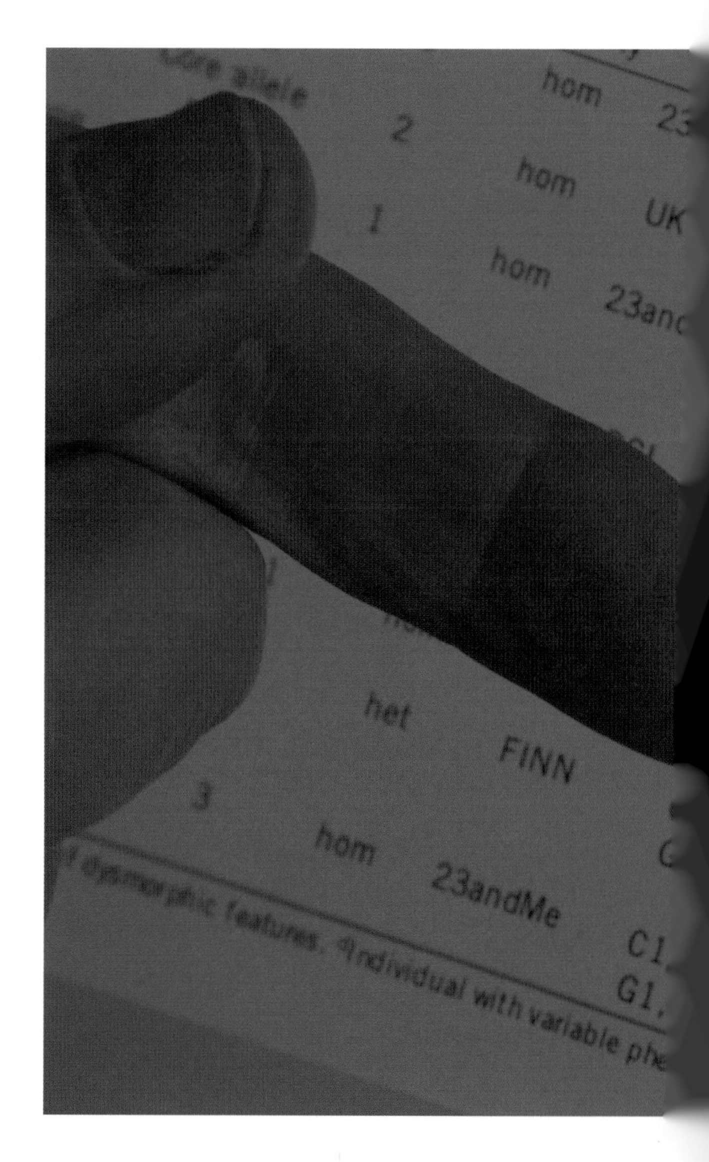

フレンド博士は、“ヒーローDNA”の持ち主候補を13人発見している。

この気づきから、フレンド博士は「レジリエンス（抵抗性）・プロジェクト」という名のプロジェクトを立ち上げた。世界中に散らばっている知られざる“ヒーローDNA”ともいうべき遺伝的な素質の持ち主を探し出し、治療法を見つけようというのだ。フレンド博士は50万人という膨大な数の人びとのゲノム情報を集め、分析することに着手した。初めは途方もない作業に思えることもあったという。しかし、フィルタリングを続けていくうちに候補者の数は減っていった。そして最後には、必ず病気を発症すると判明している致命的な遺伝子変異をもっているにもかかわらずまったく健康に暮らしている人を13人、発見することに成功した。

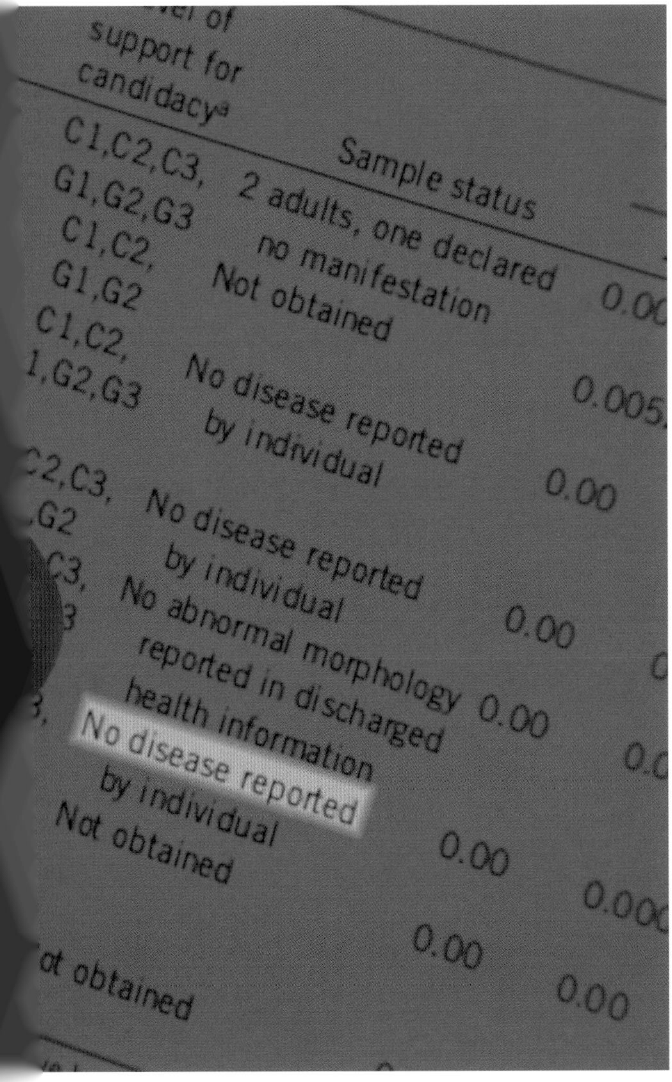

彼らは通常であれば、嚢胞性線維症や自己免疫疾患、重度の皮膚病など、きわめて重症の小児疾患を起こしているはずの人たちだった。しかし、普通の日常生活を送り、あるいは自分ではまったくその変異に気づくことなく生きている。つまり、彼らは重症の疾患を克服することができるなんらかの未知のしくみをもっているのだ。HIVの感染をまぬかれた*CCR5*遺伝子に変異をもつ人たちのように。

現在はまだこうしたヒーローたちが実在することがわかった段階だが、これからレジリエンス・プロジェクトによる画期的な治療法によって、小児腫瘍のような難病と言われる病気を治癒できる日がやってくるだろう。

糖尿病の新たな救世主、SGLT2阻害薬

「“ヒーローDNA”の持ち主といえる人が発見されたことにより、多くの糖尿病患者の福音となった薬が開発された例もすでに存在しますよ」そう教えてくれたのは、国立成育医療研究センター部長の秦健一郎博士だ。薬の名は「SGLT2阻害薬」という。2014年に日本でも認可され、瞬く間に糖尿病の治療薬の重要な地位を獲得した薬だ。

SGLT2阻害薬は世界90か国以上で認可されており、2014年に日本でも認可され、糖尿病の薬として希望をもたらしている。（画像撮影協力：昭和大学教授・平野勉博士）

糖尿病とは、膵臓から分泌される「インスリン」というホルモンがうまくはたらかないために、血中の糖が消費されずに増えてしまう病気だ。糖は栄養分であるとはいえ、多過ぎると害になる。血中に糖が多いままの状態が続くと、血管が傷つき、さまざまな病気が引き起こされる。心臓疾患や失明、腎不全など重い病気へとつながってしまう。国民健康・栄養調査によると、2016年には国内の糖尿病患者数が推計で1,000万人を初めて超えた。予備軍を含めれば2,000万人となり、日本の成人4人に1人は糖尿

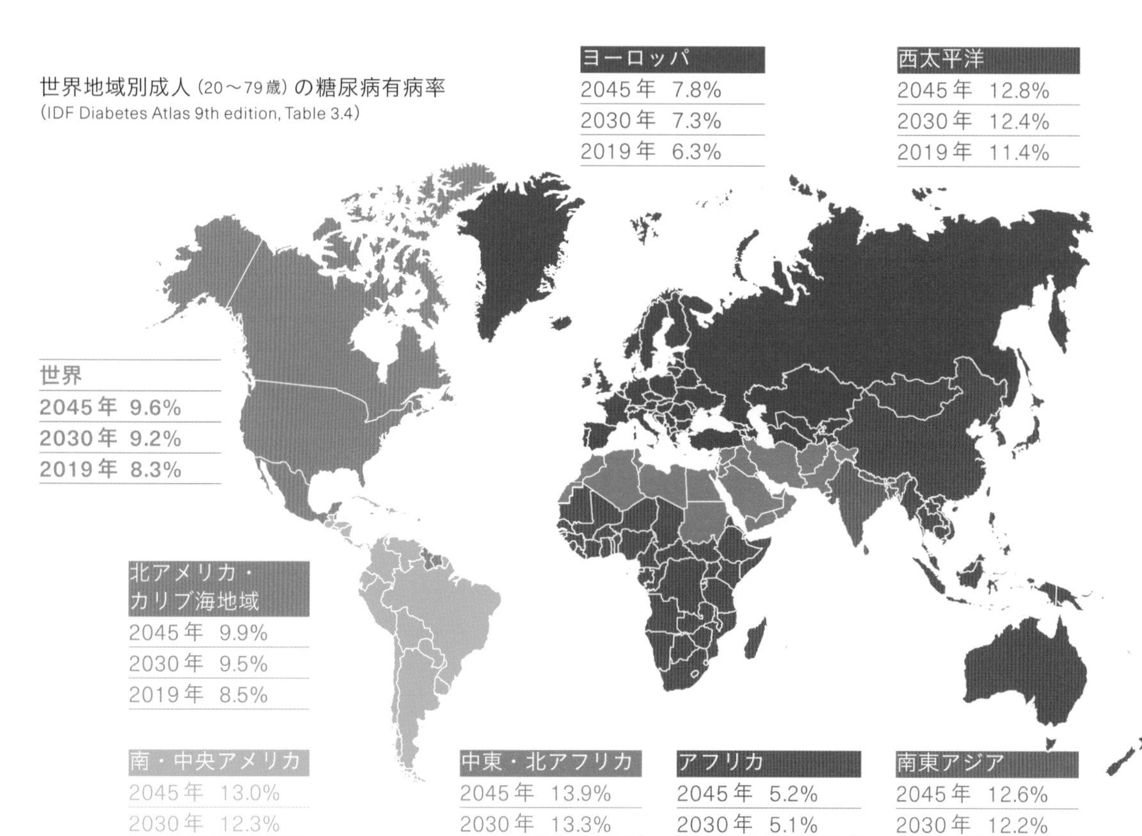

世界地域別成人（20〜79歳）の糖尿病有病率
（IDF Diabetes Atlas 9th edition, Table 3.4）

病ということになる。世界でも、2017年の段階で糖尿病患者数が4億人を超えたと発表されている。主に患者数が多いのは、バランスのよい食事を取る機会に乏しい低・中所得者たちだ。糖尿病は今や世界的な問題となっている。その糖尿病の薬として注目を浴びているのが、このSGLT2阻害薬という薬だ。

腸で吸収された糖は血中をめぐり、腎臓へ届けられる。腎臓は血液のコントロールセンターだ。腎臓は血中の成分を調整する臓器で、人体の要とも言える。血中に循環している成分の中で、必要なものを必要な量に調整して血液中に戻す役割を果たしている。血中の糖は、尿のもとである原尿中にいったん排出されるが、ほとんどが腎臓で再吸収される。その再吸収に関わっているのが「ナトリウム・グルコース共役輸送体（SGLT：sodium glucose co-transporter）」というタンパク質で、中でも「SGLT2」は、血液から濾し取られた原尿から血液へ糖を戻す役割の大部分を担っている。SGLT2阻害薬は、SGLT2のはたらきを阻害することで糖の再吸収をブロックし、血液中に糖を戻さないようにすることができる。既存の糖尿病薬とはまったく異なる作用機序をもつ薬として、これまでの薬では効果が得られなかった糖尿病患者たちに希望を与えている。

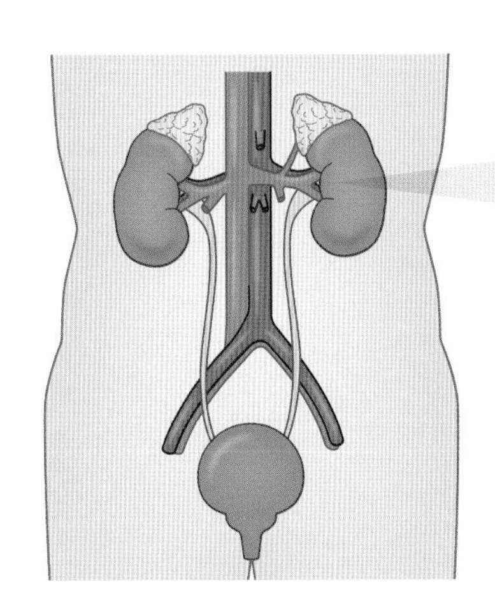

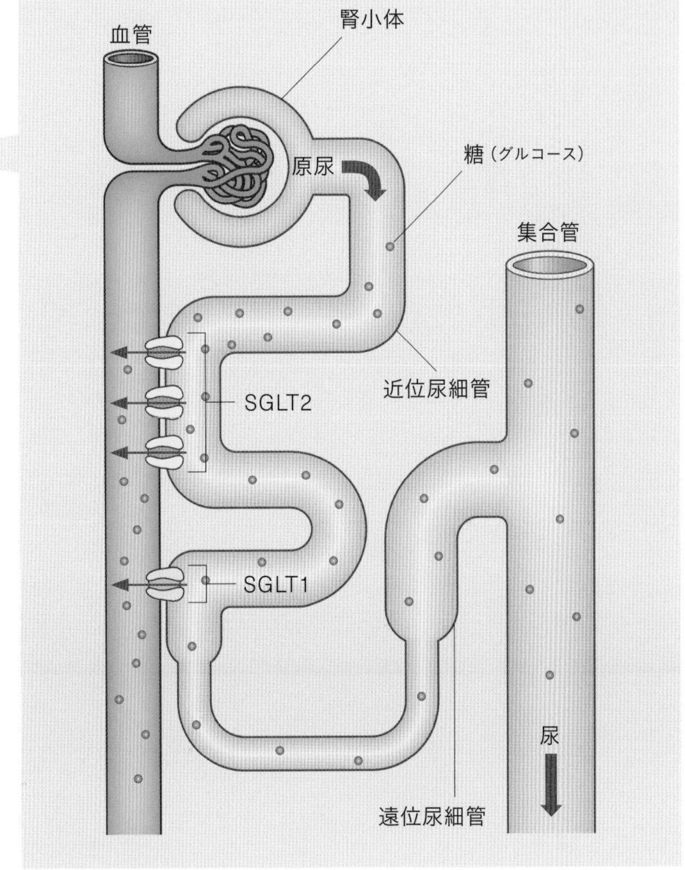

原尿にふくまれる糖（グルコース）の約90%をSGLT2が再吸収する。
SGLT1が再吸収するのは10%ほど。

糖尿病でも健康な女性？

そんなSGLT2阻害薬の開発の推進力となった“ヒーローDNA”の持ち主の一人が、ポルトガルで暮らすパウラさんだ。夫と2人の子どもと暮らす、ごく普通の健康な女性。ところが実は彼女にはある特別な体質がある。それは、通常であれば糖尿病の症状が出てもおかしくないほどの多量の糖が尿から検出されているにもかかわらず、一般的な糖尿病にならないという体質だ。

パウラさんの尿から検出される糖の値は、通常であれば病気を疑われるレベルの高値を示している。なぜ彼女はごく普通に、しごく健康に暮らせているのだろうか。その理由は、彼女の遺伝子の変異にある。彼女や彼女の親族には、「家族性腎性糖尿」という診断名がつけられており、この病気（といっても健康なので病気といっていいかわからないが）をもつ人は、糖を腎臓で再吸収するSGLT2をうまくつくることができないというゲノムの変異をもっている。しかしながら、家族性腎性糖尿の人たちはいたって元気で、とくに問題もなく天寿をまっとうする人が多い。

ポルトガルで暮らすパウラさんは、「まさか自分が誰かを救えるような存在だなんて、思っていませんでした。生まれてきたことに、特別な満足を感じています」と語る。

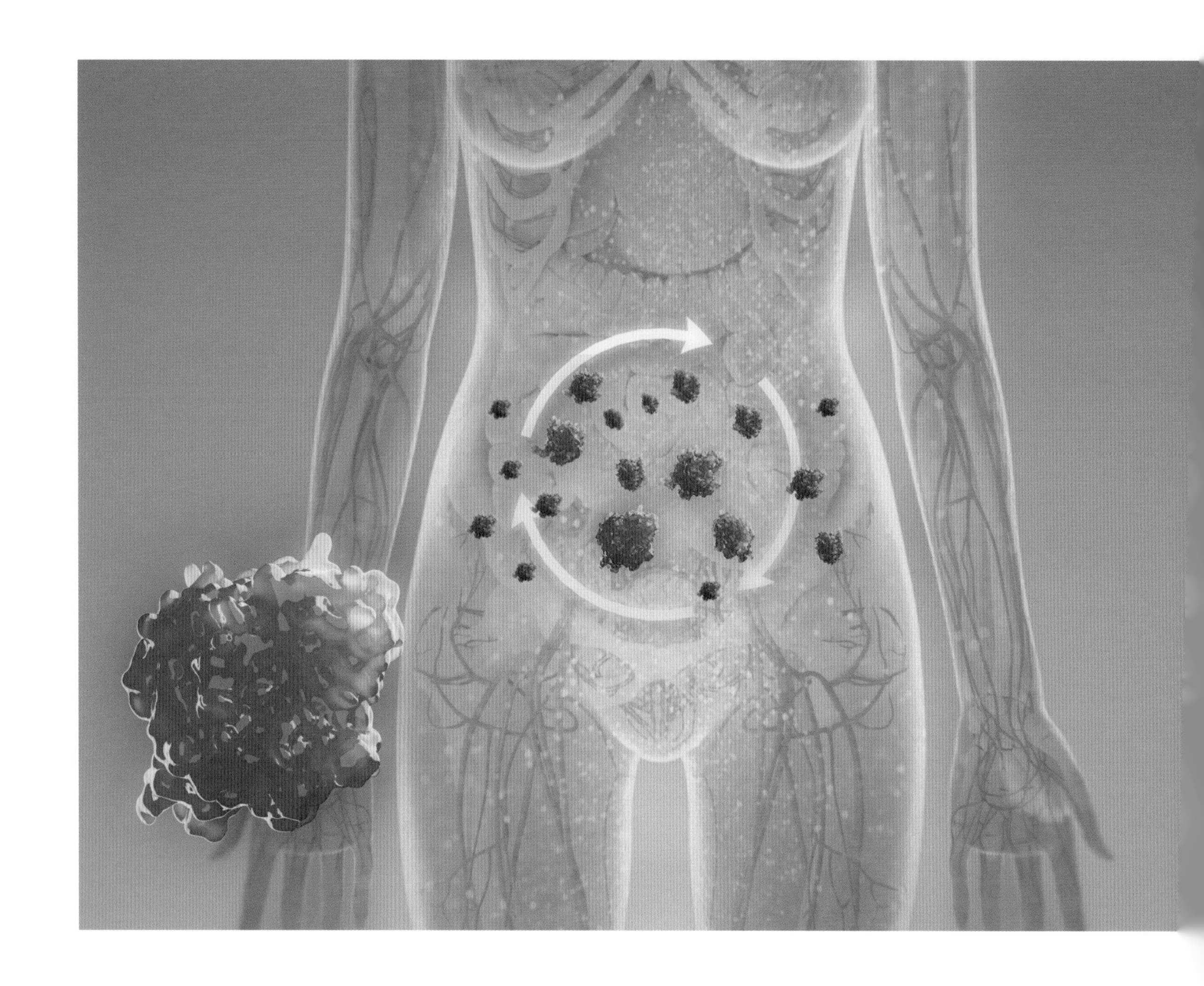

そもそも人体が再吸収まで行って貪欲に糖を得ようとするのは、糖が自然界では非常に貴重な栄養分であったからだ。ところが現代社会では、飢餓に襲われ糖が欠乏するようなことも、日々激しい運動を続けて血液中の糖の濃度が極端に下がるような状況に陥ることもほとんどなくなった。こうした状況にあっては、糖の再吸収が行われないことがむしろよい方向にはたらいている可能性すら考えられる。糖尿病は、血中に糖が過剰にあり続ける状況だ。そのため、パウラさんのように糖を血液中にため込まずにすみやかに尿に排出することができれば、血中の糖濃度を低く抑えることができる。

パウラさんのようにSGLT2がうまくはたらかなくても、パウラさんと同様に健康に暮らしている人たちが存在することは、薬剤開発にあたって大きなアドバンテージになる。通常、SGLT2のようなタンパク質は、標的の臓器（この場合は腎臓）以外の場所でもはたらいていることがある。SGLT2を阻害する薬を投与したときに、たとえ標的の臓器では問題が起こらないとしても、ほかの臓器では同じタンパク質がはたらかないことで重篤な副作用が現れる可能性もある。そこで薬の開発では、その薬の影響によって予想外の害が起こらないかどうか、とても慎重に、非常に長い時間をかけて検証する必要がある。

しかし生まれつきSGLT2がうまくはたらかない人でも問題なく生活できるとわかっていれば、SGLT2をターゲットにした薬は初めからある程度の安全性を担保された状態で開発に臨むことができる。この点において、パウラ

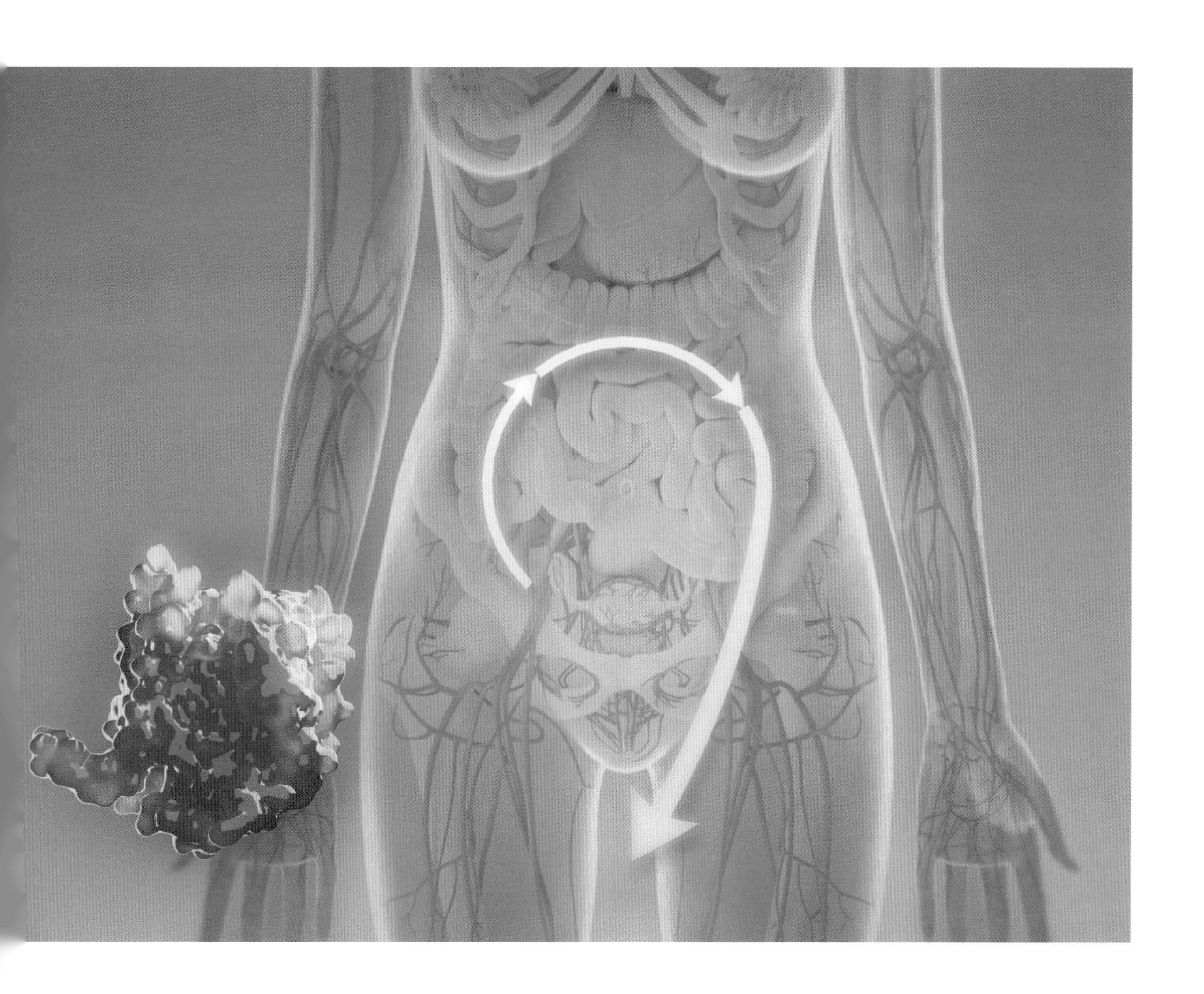

さんのような変異をもつ人がすでに存在することはとても大きな意味がある。

山梨大学講師の土屋恭一郎博士によれば、天然化合物フロリジン[1]によるラットの糖尿病治療効果が1980年代に報告されており、その効果がSGLT2の阻害であるということが1990年代に明らかになったという。それが2000年代に入り、パウラさんのようにヒトにおいても先天的に*SGLT2*遺伝子に変異があり、うまくつくれない人たちがいるということが明らかとなり、一気に薬剤開発を進める流れが速まった。

パウラさんは糖をため込むはたらきをするSGLT2をうまくつくることができないゲノムの変異をもっている。そのため、糖を身体にため込まず、いちはやく尿として排出することができる。

1: リンゴや梨などの樹皮から得られる天然物質であり、腸管や腎臓においてグルコースを吸収するための輸送体に結合することで、グルコース吸収を著しく阻害する。

ゲノム情報収集に力を注ぐ国々

SGLT2阻害薬について教えてくれた秦博士が続けて言及したことは、将来の日本の医療について考えさせせられるものだった。世界の国々はこうした希少疾患が薬に結びつくことに目をつけ、多額の予算をつけて国民のゲノム解析を進めつつある。たとえばイギリスでは、数十億という予算をつけて、数十万人規模のゲノム解析が行われているという。

2018年10月には、科学雑誌『Nature』において英国バイオバンク50万人分の情報を使った論文が2本報告された。50万人分、非常に膨大な数だ。参加者は2006年から2010年にかけて集められた40～60歳の英国人で、モニタリングは今後も続いていくという。最大のデータセットは遺伝子型と脳スキャンデータで、脳の構造と機能に影響を与えるゲノムの研究が進むと期待されている。しかもデータセットと研究結果はすべてオープンアクセスリソースとなっており、ビジネスにも利用可能だ。2019年に入ってからも英国バイオバンクのデータを使った論文が次々と発表されている。ゲノム科学躍進の背景には、このような巨大で使いやすいデータセットの存在も欠かせない。イギリスは先進的な健康政策を打ち出している。1999年には精神疾患を社会経済的損失ととらえ、精神保健に関する「ナショナル・サービス・フレームワーク（The National Service Framework for Mental Health）」という10か年の精神保健政策を行った。さらに近年では孤独省の設立など、国民の保健衛生に関して積極的な介入と対策をとろうという姿勢が見える。英国バイオバンクもそうした国民の保健衛生の取り組みの一環だ。

パウラさんの例で見られたように、ゲノムの情報とそのはたらきはそのまま医療に直結する。さらに言えば、医療費に直結する。そして、バジャウやチベットの人びとの例で見てきたように、ゲノムの塩基配列は人種や祖先がたどってきた環境、その人びとの暮らしによっても変わっている。もしも日本人のゲノム配列に特化した生活習慣病の薬などが開発されれば、超高齢化社会を迎える私たちに医療費としてそのまま跳ね返ることになるだろう。また、こんな意地悪な考え方すらある。たとえば外交の交渉取引の材料として有効な新薬が使われたら、そのとき、命と引き換えにして正しい判断を下すことができるのだろうか。日本のゲノム資源をどのように扱っていくかを判断することは、これからこの国で生きていくすべての人びとの命運を握っている。現状、全ゲノム解析では完全に日本は遅れをとり、今、私たちがその解析技術で知らず知らずのうちに頼っているのはアメリカ

イルミナ社が開発したゲノム解析機器は多くの研究機関で使用されている。

ロンドンの王立植物園キューガーデン。

BGIはブタでも全ゲノム解析を成功させ、ゲノム編集によってペット用のマイクロブタをつくり出した。マイクロブタは成長しても中型犬程度の大きさだという。
（写真提供：VCG）

と中国の企業だ。

かつて、イギリス・ロンドンにある王立植物園キューガーデンは、世界中の植物の種子を集めていた。博物学的な意味ももちろんあった一方で、集められた種子を使って資源植物としての品種改良が行われてきた。今では中国がさまざまな植物や動物の全ゲノム解析をさかんに進めているという。これまで見てきたように、ゲノム情報には宝が眠っているからだ。深圳（しんせん）に世界最大級のゲノムセンターを構える中国企業BGIはアジア人初の全ゲノム解析の完成を皮切りに、鳥・稲・カイコなどさまざまな動植物の全ゲノム解析を成功させている。アメリカのイルミナ社と中国のBGI、現在この2つの企業が世界のゲノム解析のトップをひた走っている。

アイスランド人のゲノムと祖先の記録

世界中のヒト同士のゲノムの違いはたった0.1%ほどと言われる。数にして約300万個。その0.1%の中に、思いがけない"トレジャーDNA"が眠っている。それはあなたの0.1%のゲノムの中、かもしれない。

たかだか0.1%。しかし、このわずかとも言える違いが、私たちの見た目や体質の違いをつくってきたことを見てきた。私たち一人ひとりがこれほどまで異なる理由。その始まりは私たちの誕生するときにある。

このことをより鮮明に映し出したのが、アイスランド大学教授のゲノム研究者カーリ・ステファンソン博士の研究だ。ステファンソン博士は、20年以上の歳月をかけてアイスランド国民の半数以上のDNAを集めた。もともとはハーバード大学の教授だったが、博士はその地位を投げうって1997年にアイスランドへ移住し、そこからロビー活動を始め、国民を巻き込んだ一大ゲノム解析事業を打ち立てた。

ステファンソン博士はなぜそこまでアイスランド人のゲノムに惚れ込んだのか？　一つにはステファンソン博士自身が、ヴァイキングの末裔ということもあるだろう。もう一つはアイスランドに残された人びとのゲノムの特徴と1000年以上に及ぶ家系図の記録にある。

アイスランドは人口約34万人、人口密度は1 km^{2}あたり約3人。ちょうど東京都新宿区の人口が34万人で、人口密度は1 km^{2}あたり1万8,000人であることと比較すると、イメージが湧くだろうか。アイスランド人はヴァイキングの末裔たちで、国家の記録に1000年以上にわたる詳細な家系図が残されている。また、アイスランドの人びとは小数の移植者を祖先とするために遺伝的な多様性が低く、比較的均一な

ゲノムの塩基配列をもつ傾向があった。そのため、ゲノムの特別な変化を見い出しやすく、家系図から血縁関係も把握できることからゲノムの影響が調べやすいと考えられた。

ステファンソン博士はこうした理由からアイスランドでゲノム解析事業を興した。アイスランドの人びとのゲノム情報から、たくさんの医学的な見地や利益がもたらされると期待してのことだっただろう。ステファンソン博士の事業では、すでに約14万人のアイスランド人家系図と健康情報を保有している。

アイスランド・レイキャベクでゲノム事業を行っているカーリ・ステファンソン博士。

左：ステファンソン博士は、20年以上かけて国民の半数以上のDNAを集めた。

誰もが唯一無二の
ミュータント

最近このステファンソン博士の研究から、私たち一人ひとりがもつユニークな塩基配列がどの段階でもたらされるかが報告された。ステファンソン博士らは、およそ15,000人のアイスランド人の親子の全ゲノムを解析し、子どもで新たに生じた塩基配列の変化を調べた。その結果、母親のゲノムにも、父親のゲノムにも含まれない、その子だけがもつまったく新しい塩基配列の変化が平均しておよそ70個生じているということが明らかになった。しかもそのほとんどは、DNAの98%の領域で起きているという。

rmline *de novo*
eland

an Zink[1], Eirikur Hjartarson[1],
jon Axel Gudjonsson[1], Lucas D. Ward[1],
on[1], Adalbjorg Jonasdottir[1], Aslaug Jonasdottir[1],
ur Thorsteinsdottir[1,2], Gisli Masson[1],
artsson[1,3] & Kari Stefansson[1,2]

of 70.3

cordance[18]. Despite many
germ cell devel-
limited. To assess
the rate and class of DNMs transmitted by mothers and
nalysed whole-genome sequencing (WGS) data from
ers with an average of 35× coverage (Data Descriptor[19]).
ined 1,548 trios, used to identify 108,778 high-quality
77 single nucleotide polymorphisms (SNPs); Methods
sulting in an average of 70.3 DNMs per proband.

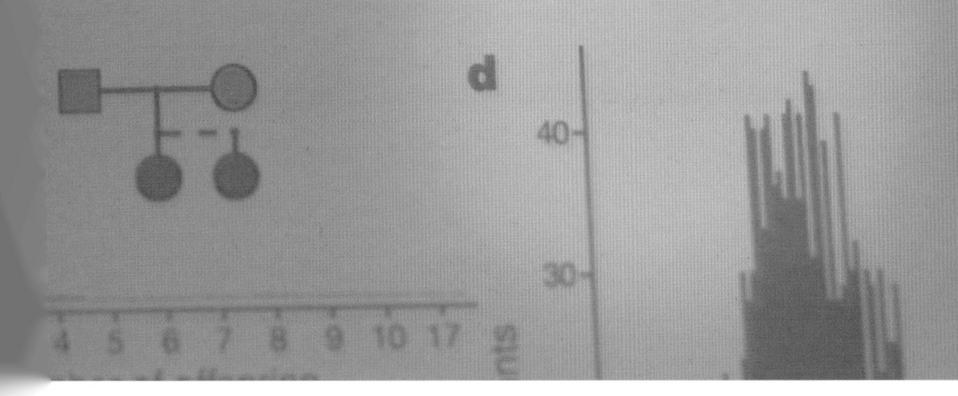

私たちは生まれるときに両親から半分ずつのゲノムをもらうだけではなく、必ずそこにおよそ70個の新たな突然変異が生じているという。

私たちは生まれてくるとき、受精の瞬間に父と母から半分ずつゲノムをもらい受け、同じゲノムのセットを基本的に2セットもっている。細胞分裂時、これらが規則的に集合して染色体という構造を取る。1番から22番までの染色体と2種類の性染色体。あなたが女性なら、1番から22番までの染色体とX染色体を父と母それぞれから受け取っている。あなたが男性ならば、1番から22番までの染色体とY染色体を父から、1番から22番までの染色体とX染色体を母から受け取っている。1セットは父から、1セットは母からなので、組み合わせとしても十分新しいと言えるが、その父と母からもらったゲノムの配列とはまったく無関係に、子どもは独自のゲノムの変異をおよそ70個もって生まれてくるというのだ。

子どもが誕生するとき、誰のものでもない70個の新しい塩基配列の変異がもたらされる。この変異はパウラさんのような新しい薬剤開発のきっかけになるものかもしれないし、バジャウの人びとのように海に長く潜れるような特別な体質をもたらすものかもしれない。世界中の子どもたちは、必ずなんらかの新しいポテンシャルをもって生まれてくるのだ。もちろん、あなたも例外ではない。世界中の人間ひとり一人が"ミュータント（突然変異体）"であり、唯一

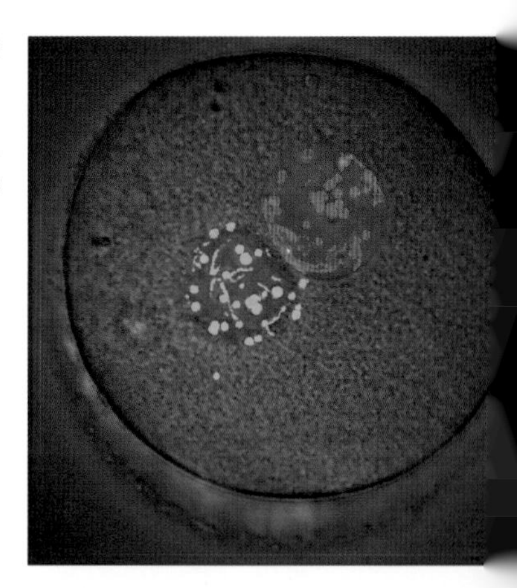

受精では、父親（赤色）と母親（緑色）のゲノムが混じり合う。
（画像提供：近畿大学准教授・山縣一夫博士、野老美紀子博士、波多野裕さん）

ヒトの染色体を染め分けしたもの。細胞が分裂するときにDNAはこのような染色体という形をとる。
（画像提供：SPL/PPS通信社）

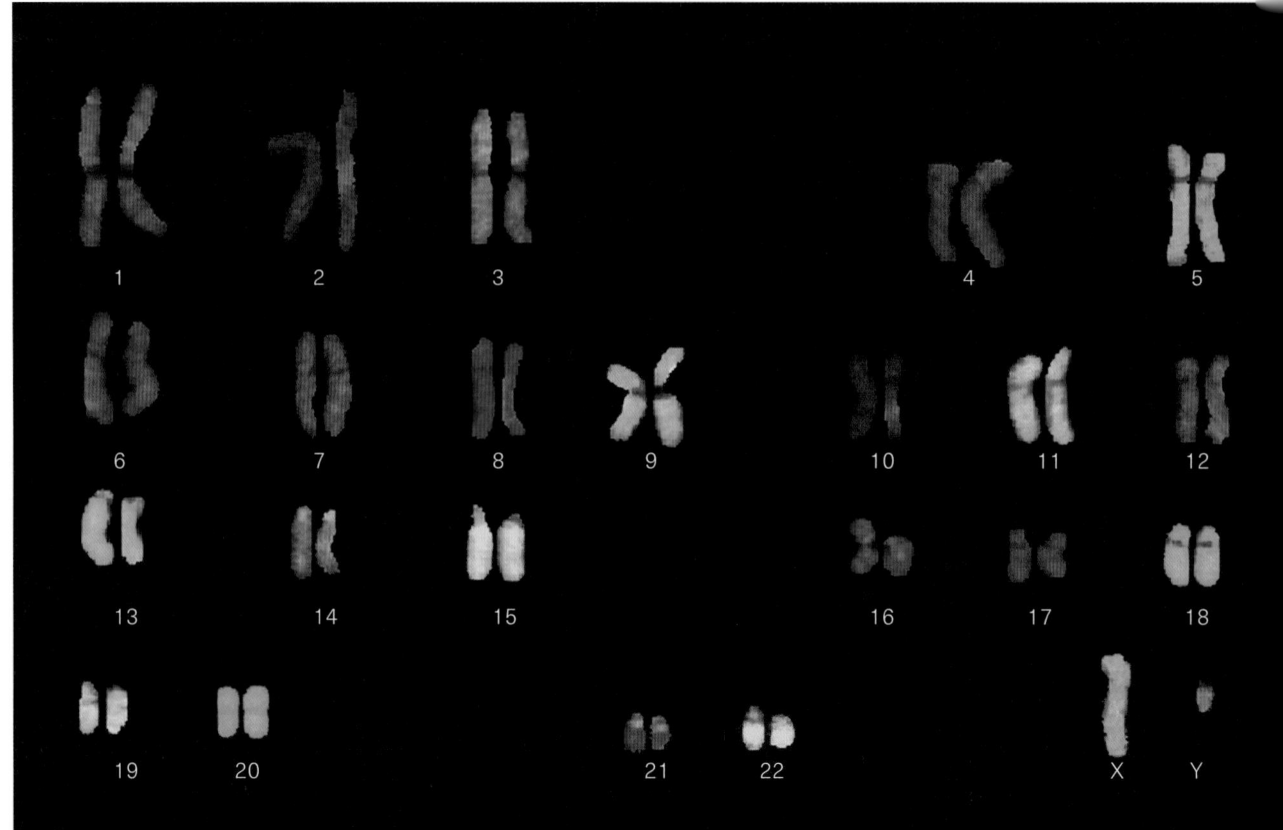

無二の存在なのだ。

新しい多様性は新たなポテンシャルの種となる。ミュータントと聞いて映画『X-MEN』を思い出すかもしれない。映画の主人公の彼らは突然変異によって生まれた超人的能力を兼ね備えた集団だ。しかし、ゲノム科学から言えば、あなたも私も彼ら同様にミュータントということになる。何かしら、ほかの人とは違うポテンシャルをもち合わせている。ときには生まれた時代に合わない変異の場合もあるかもしれない。それでも、そこには将来、たとえばあなたの孫やひ孫やそのずっとあとの子孫の代でとても貴重な変異として迎えられる可能性もある。ゲノムの変化について言えば、それは異常ではなく生きものとしての必然的な変化だ。大げさに聞こえるかもしれないが、いつか世界中の人びとを救えるようなすごい変化があなたの身体の中にも眠っているかもしれない。

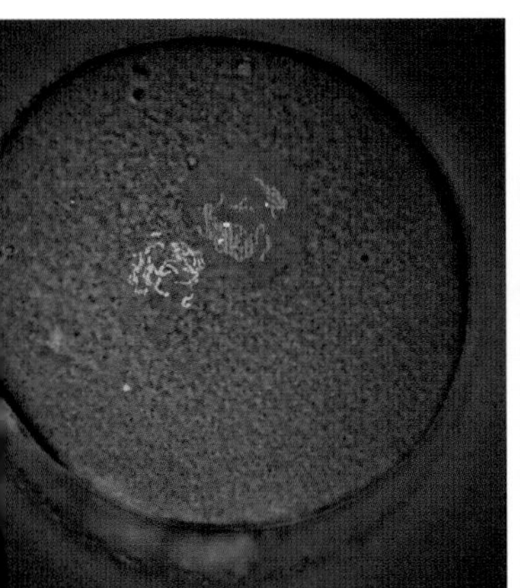

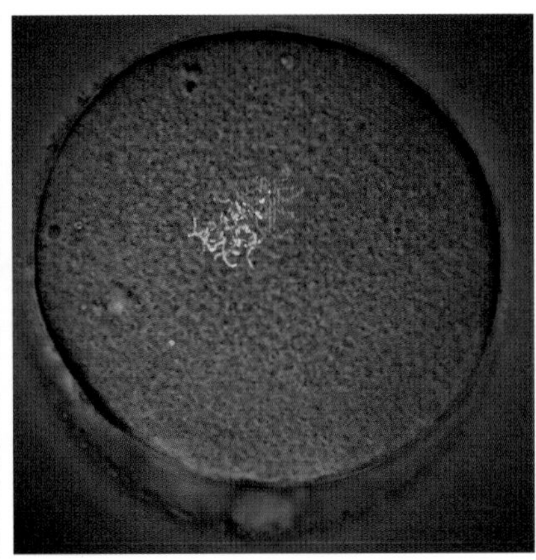

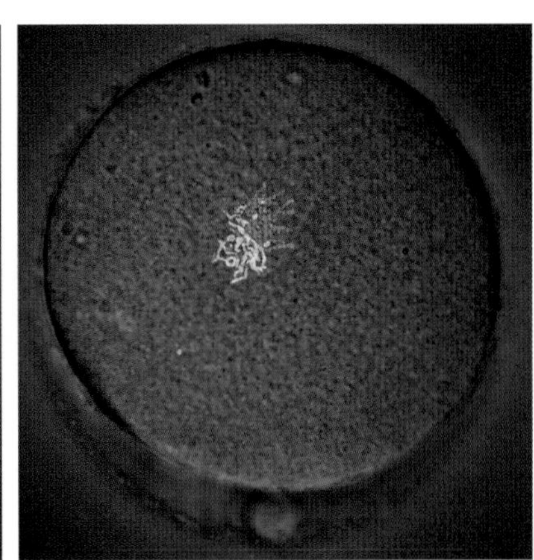

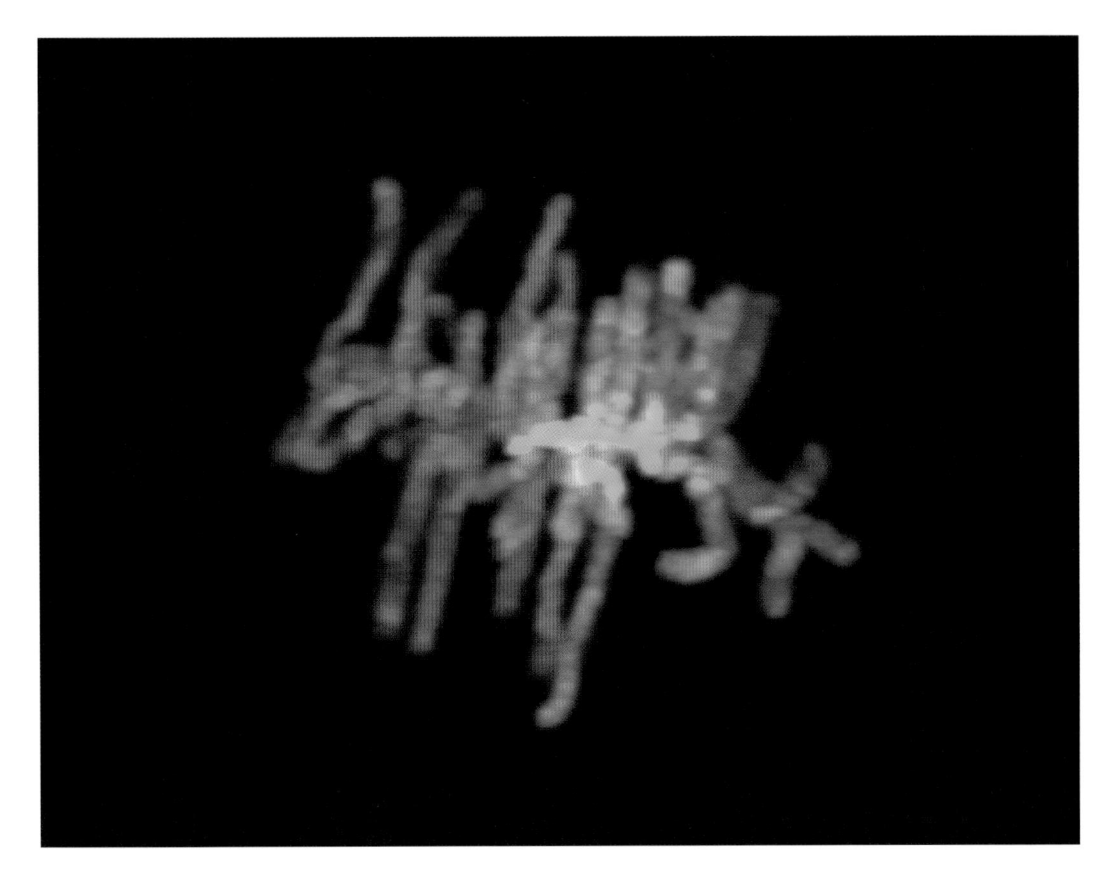

「Male-driven evolution」

（雄が進化を駆動する）

誰もが新たな70個の変異をもって生まれるという感動的な瞬間。本来であればこの瞬間を実写か、あるいはせめて美しいCGによってご紹介したいところだ。しかし受精の瞬間、父と母のゲノムが一緒になるそのときに、いったいどのようなことが起きているのかについて複数の専門家に尋ねたものの、未解決の問題で判定や検証が非常に難しいということであった。

ただし、今はまだ仮説の段階だが、ということで自然科学研究機構基礎生物学研究所教授の吉田松生博士が話をしてくれた。赤ちゃんが産まれてくるときにもたらされるゲノム配列の変異、70個の大部分について、いったいどのようなタイミングでどのように生じているのかを推測してもらった。

「哺乳類の突然変異は、8分の7までが雄の精子由来なのです。雌からそうした変異はほとんど入りません」子どもの全ゲノムにもたらされる70個の変異のほとんどは雄からもたらされる。その理由は、雄では誕生後にも精子のもととなる幹細胞が増え続け、個人差はあるものの1日におよそ1億という精子が生産されるからだ。心臓が1回トクンという間に約1,000個の精子ができる計算になる。驚異的な数だ。

日に1億という精子はもとになる精原細胞の分裂によってつくられていく。その細胞分裂のたびにDNAをコピーして、2つの細胞に分配しなければならない。そのたびにエラーが起き、そのエラーが蓄積される。エラー自体が良し悪しを決定するわけではない。よいことをもたらす場合も悪いことをもたらす場合もある。このエラーによって、父とは異なる精子独自の変異が誕生していることとなる。

一方の卵子は、胎児の段階ですでにつくられ、その後は増えることはない。思春期までに5万個ほどに減り、生理のたびに1,000個程度の卵子が失われる。排卵されるのは通常月に1～2個だが、同時にいくつかの卵子が成熟へ向かい、排卵できずに途中で失われるため1,000個ずつくらい毎月減っていく。思春期以降減ることはあっても、増えることはない卵子。分裂に伴って生じるようなゲノムの変化は起きない。卵子は自分がもっているゲノムの情報をあたかもできる限り温存しようとし、精子は新たな変化をもたらすために存在しているかのようにも感じられる。

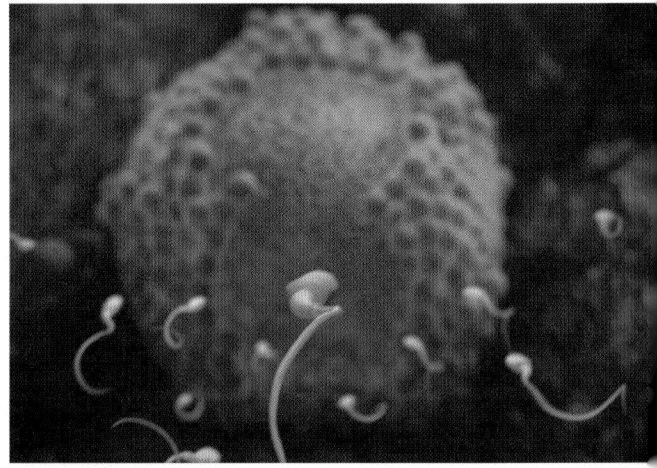

胎児の段階ですでにつくられている卵子とは異なり、精子は毎日およそ1億個つくられる。

「『Male-driven evolution（雄が進化を駆動する）』と言われるのですよ」と、吉田博士は教えてくれた。長い進化をらせん階段にたとえるなら、その階段を上へ上へと押し上げる強いパワーを精子がもっているというのだ。

生命には、新しい変化を受け入れるしくみが保存されている

実はステファンソン博士の論文にも同様のことが記されている。両親の年齢が上がるにつれてゲノムの変異が増えていくこと、母より父の方が年齢による影響が大きいということだ。年齢が上がるほど、細胞分裂の機会は多くなり、それだけエラーも蓄積していく。さらにステファンソン博士はインタビューの中で、子どもに生じる新しいゲノムの変異について調べると、父親由来が80%、母親由来が20%だったと答えている。この理由についても、精子のもとになる精原細胞が父親の生殖期間中ずっと分裂を続けるからだとステファンソン博士は教えてくれた。

さらにステファンソン博士は、とても興味深い話を聞かせてくれた。「通常、父親から多くのゲノムの変異がもたらされます。ところが、ある限られた10%の領域では、父からも母からも同じだけ変異が生じることがわかったのです」

これはいったいどういうことだろう？　ステファンソン博士は、「この10%の領域は『CG

ステファンソン博士は次のように語る。「私たちは、子どもに突然変異が生じるのは何か特別なことだと考える傾向にあります。ごくまれに起こる不運なできごとのように考えているのです。しかし、私たちは誰もが多くの突然変異を、つまり両親には見られない突然変異をもって生まれてくるのです」

地球全体が氷床や海氷に覆われた全球凍結は、生物の大量絶滅をもたらした。
（画像提供：NHK）

突然変異』とよばれ、C（シトシン）がG（グアニン）に変化します」と語った。10%に相当する領域は、進化上、ヒトが類人猿としてアフリカにいた頃からずっと、変異が起こりやすい状態が続いているという。この領域で起こる突然変異は、通常の領域の2倍となる。この10%の領域は、ほかの領域よりも速く進化している可能性がある。つまり、DNA上のある限られた領域には特別に変異が入りやすい場所があり、それは進化上保存されているということだ。

吉田博士は、子どもに生じる新しい変異について推測する際、こんなふうにも語っていた。「大切なことは、必ず新しいゲノムの変異が入るというしくみを生命が保存しているということですね」生命は無駄なものをほぼ残さない。有り体に言えば、もし無駄ならそのシステムをもった生きものは淘汰されてしまう。生き延びるために必要のないものは、身体の中でも進化上でも淘汰されるのが生命の基本だ。変異が生じた場所によっては、重篤な病気になる可能性も否定できない。それでも、そうしたシステムをわざわざ残しているのは、そこに意味があるからだ。

生きものが生き残るための重要な手段として、新しいゲノムの変化を代が変わるごとに必ず取り入れるというしくみが備わっている、そう考えざるを得ない。同じロジックで、役割がわからず、当初はジャンクとさえ言われていたDNAの98%の領域に大切な役割が眠っているということも、当然といえば当然だったのかもしれない。必要がなければ、わざわざエネルギーを使って、その部分を残している意味がない。残っているからには、なんらかの必然性がある。多少の遊びはあっても、無駄はない。それこそが、生命が40億年をかけて培った根本的なしくみのように思える。

番組のスタジオ収録の際、司会のタモリさんが大量絶滅の話をしていた。地球の生命史に

左：恐竜の絶滅は、巨大な隕石の衝突によって引き起こされたと考えられている。（画像提供：NHK）
右：巨大火山の噴火によって、人類が絶滅寸前に追い込まれたこともあるという。（画像提供：NHK）

は、「ビッグファイブ」とよばれる大量絶滅時代がある。地球上のすべてが凍りついた全球凍結時代や驚異的な低酸素時代、直径10kmの隕石衝突によってもたらされた未曽有の事態など、地球は何度となく荒ぶる時代を迎え、そのたびに生命は大打撃を受けて大量絶滅し、そこから這い上がってきた。それらの生命の子孫が、今、この地球で暮らしているすべての生きものたちだ。そこにはもちろん私たち人類も含まれている。デボン紀や白亜紀、ジュラ紀と名づけられた地質年代の境界は、多かれ少なかれ絶滅が起きており、生きものの入れ替わりが起きている。地質年代はいわば絶滅の歴史そのものだ。タモリさんは、突然変異がなければこうした危機を乗り越えてくることはできなかったのかもしれないと話していた。

産まれてくるときの70個のギフトを発見したステファンソン博士は、こうも語っていた。「もし魔法の杖があって、悪い病気を引き起こすこのしくみをなくすことができるとしたら、人類は絶滅してしまうかもしれません」

新しいゲノムの変化はときに重篤な病気をもたらしてしまうこともある。特に2%のタンパク質をコードする、遺伝子の領域に変化が入ってしまった場合、人体に即影響を及ぼす可能性は高い。しかし逆にステファンソン博士は、ゲノムに新しい変化をもたらすしくみがなかったとしたら、人類がここまで生き延びてくることもなければ、この先生き延びていくことも不可能だと考えているのだ。

これまで経験したことのないような時代に直面したときこそ、それまであまり光の当たってこなかった生命に秘められたポテンシャルが発揮され、私たち生命は生き残ってきた。地球上で暮らす私たちは、いわばみなそのポテンシャルの子どもたちなのだ。

多様性とは
可能性を分かち合う
しくみである

NHKスペシャルの科学番組では、これまで何度も進化の番組が作られてきた。それらの根底に共通しているのは、多様性とは潜在能力の貯蔵にほかならないということだ。地球上の生命全体で、ゲノムのポテンシャルを保持している。あらゆる環境を生き抜く生命の力が、そこには書き込まれ、ストックされているのだ。

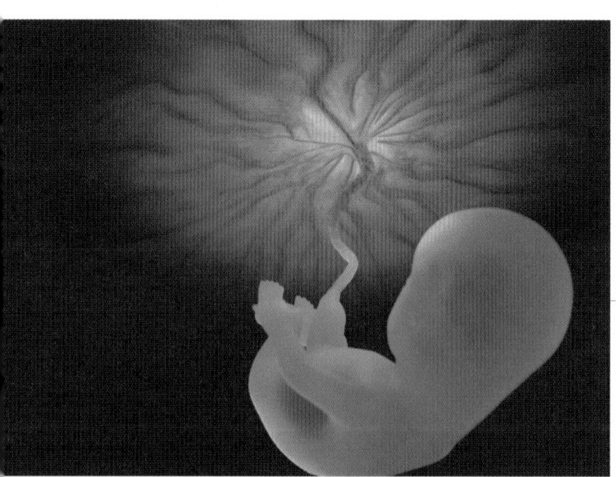

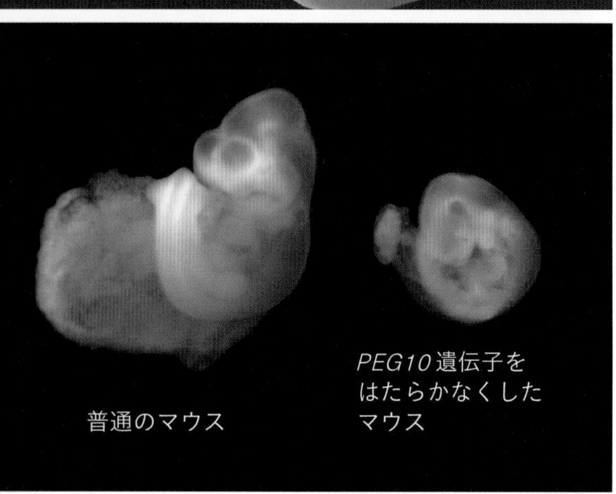

上：胎盤はへその緒を介して胎児に栄養を送り、その成長を支えるという重要な役割をもつ。
（画像提供：NHK）
下：ウイルス（ウイルス様レトロトランスポゾン）からもたらされた*PEG10*遺伝子がないと胎盤がつくられず、マウスの胎児は成育することができない。
（画像提供：NHK／協力：東京医科歯科大学教授・石野史敏博士、東海大学教授・金児-石野知子博士、国立医薬品食品衛生研究所毒性部室長・小野竜一博士）

しかし私たち人類が生き残るためということを考えるなら、極端な話、ヒトの間だけで多様性が担保されればそれでよいのではないか。ところが、そうではない。その証拠に、私たちのDNAの98%の領域には、ヒト以外のものたちからもたらされたと考えられる塩基配列が数多く紛れ込んでいる。

ウイルスは、基本的に自己複製能力をもっておらず、自己を増やすためには感染した宿主のシステムを利用しなければならない。そのため、感染するとき、宿主のゲノムの中に自分の遺伝情報を忍び込ませる。そうしたウイルスの侵入を受けた際、私たちの細胞はウイルスの遺伝情報が勝手にはたらかないように、その遺伝

小さな結び目の
対流といのち

地球上の生命体同士は互いに生きる術を交換し、ときに種間を超えてしたたかにそれを利用してみせる。これこそが生命全体で分かち合う地球生命体の強さであり、多様性を維持することが大切だという意味なのだ（少し断っておくと、地球生命体の起源を宇宙に求める学問もあるので、もしかしたら宇宙生命体全体かもしれない）。生命全体は、巨大なセーフティネットをつくっている。

網目の交差点、結び目（node）にヒトやショウジョウバエ、ゾウなどさまざまな種が存在し、ヒトやハエといった結び目自身が情報をもち、

情報をいわば封印してしまうしくみをもっている。好き放題にウイルスに増殖されていたら、私たちの方が絶滅してしまうからだ。

ところが、このように封印されたウイルスのもたらした塩基配列が、新しい進化を生み出したという例がある。たとえば、東京医科歯科大学教授の石野史敏博士と東海大学教授の金児-石野知子博士のグループが発見した胎盤をつくる「*PEG10*遺伝子」は、ウイルス（ウイルス様レトロトランスポゾン[1]）がもたらした塩基配列の一つだと考えられている。私たち哺乳類の大きな特徴である、母親のお腹で一定期間成長するための胎盤のしくみが、ウイルス感染によってもたらされたというのだから驚きだ。石野博士によると、解読されたヒトゲノムのうち、約半分がウイルスやレトロトランスポゾンなどからもたらされた遺伝情報のかけらだという。

「生物多様性が大切だ」という言説が叫ばれている。一方で、食糧不足や環境汚染という面でいえばある程度の生きものが適正な数でいるほうがよいのではないかと疑問に感じている人もいるだろう。しかし本質は違うのだ。多様性があり、たくさんの生命体がいるということが、ゲノムのバリエーションのバックアップになる。これから先にもし大規模な環境の変化が起きたとしても生命が生き残っていくための戦略になるのだ。

1: レトロトランスポゾンにはSINE, LINE, LTR レトロトランスポゾンの3種類があり、その中でLTR レトロトランスポゾンとレトロウイルスの関係が指摘されている。

つながったヒモでその情報を交換しあっている。その結び目でも情報の対流は起きている。結び目自体も、ヒトならヒトという種の集団内で互いに生きる術を交換している。種がつくるその小さな対流から、少しの情報が流れ、ネット全体で変化を受けとめる。当然のことながら、たくさんの結び目からできた大きなネットほど、外からの衝撃に強い。

ウイルスは自己複製能をもたないため、生命の定義には当てはまらないがnodeとnodeを結ぶ、ヒモのような役割を果たしている。結び目から結び目へ情報を運び届けるはたらきだ。

生物多様性について考えてみれば、一つのnodeが欠けるとほかの部分が補完するが、そこかしこにnodeの消滅が起これば地球生命は次第に脆弱化していく。結び目を失ったネットを想像してもらえばわかりやすいだろう。

この生命の網目を飛び交うウイルスからもたらされた遺伝情報を封印するしくみこそが、次のテーマであるエピジェネティクスでもある。番組第2集で扱ったテーマ「運命は変えられる」。そのしくみを支えるメカニズムこそが、エピジェネティクスだ。それを知るために、まずは双子の姉妹に会いにいこう。

第2集
“DNAスイッチ”が運命を変える

part 1

双子の運命を分けたもの

「Nature（生まれか） or Nurture（育ちか）？（人は生まれと育ち、どちらが重要なのか？）」

この問いは、長い間 人類が抱えてきた大きな疑問の一つだ。
私たちを決定するものは果たして生まれもったDNAなのか、
それとも育った環境なのか。

この人類の問いに対する一つの手がかりとなるのが、
「エピジェネティクス（後成遺伝学）」という比較的新しくできた学問分野だ。

エピジェネティクスの最新研究をたどりながら、
問いの答えを探しにいこう。

生まれか、育ちか

生まれと育ち、いったいどちらが重要なのか？　この疑問に答えるべく遺伝学の分野で進められてきた研究の一つに、双子研究がある。「双生児の二人がまったく違う環境で育った場合、どのような変化が生じるのか（あるいは、生じないのか）」「そのようになる原因はどこにあるのか」といったテーマについて、一卵性あるいは二卵性双生児を対象に世界中で研究が行われてきた。

一卵性双生児はまったく同じゲノム配列をもっているため、二人とも性別は同じでそっくりな容姿をしている。一方、二卵性双生児は異なるゲノム配列をもっているため、顔かたちや姿は一般的な兄弟姉妹と同程度にしか似ていない。どちらも同時に生まれた二人であるにも関わらずこうした違いが生じるのは、双生児になる段階が異なるからだ。私たちが誕生するとき、精子と卵子が合体して一つの受精卵になる。たった一つの受精卵が何度も分裂を繰り返し、最後は40兆にも及ぶ数にまで増えて、私たちの身体ができあがる。一卵性双生児はその非常に早い段階で受精卵が二つに分かれたもので、二卵性双生児はもともと別々に受精した二つの受精卵が同時に胎内で育ったものだ[1]。

アメリカ・カリフォルニア州立大学フラトン校にある双生児研究センター所長のナンシー・シーガル博士は、そんな双子研究の第一人者である。シーガル博士が双子研究を始めたきっかけは、自身も双子であったことと、遺伝と環境のどちらが人間にとって大切なのかという遺伝環境論争の問題に強く魅せられたからだという。

シーガル博士は長年、双子研究を手がかりに遺伝の秘密を解き明かすための研究を進めてきた。そして数千組の双子調査を進めながら、大きな謎に直面したという。

「一卵性双生児には多くの共通点が見られます。しかしなぜか、大きな違いも現れるのです」

一卵性双生児の二人はまったく同じゲノム配列をもち、多くは同じような環境で育つ。それにも関わらず、違う運命をたどることがしばしば起こる。調査から、そんな一卵性双生児たちの姿が浮き彫りになっているというのだ。そしてシーガル博士が紹介してくれたある一組

カリフォルニア州立大学フラトン校双生児研究センター所長のナンシー・シーガル博士。博士自身も双子だという。

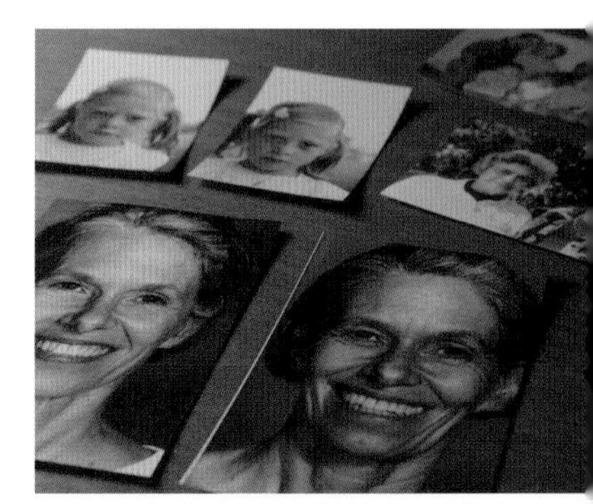

シーガル博士が研究する双子たちの写真。下の写真の兄弟は、髪の毛や胸毛の生え方、ビール缶を小指で支える持ち方まで同じだ。

の一卵性双生児たちのケースは、まさに運命の分かれ目を経験した双子たちの物語だった。

1: このように説明すると、70個のギフトともいえる突然変異(p.108参照)のことが気になる読者もいるかもしれない。しかし、(あくまでまだ仮説ではあるが) そのギフトとなる変異の多くが精子の段階で起こるものだと考えれば、受精卵になった後に二つに分かれる一卵性双生児のゲノム配列が一致しているのも納得してもらえるかと思う。

双子の姉妹を襲った運命の分かれ道

アメリカ・カリフォルニア州のロングビーチ市で暮らすモニカ・ホフマンさんとエリカ・ホフマンさん。一卵性双生児の姉妹で、モニカさんが姉、エリカさんが妹だ。幼い頃の写真を見ても、二人は本当によく似ていてかわいらしい。モニカさんとエリカさんの姉妹は1979年に生まれた。学生時代は同じ高校でバスケットボール部に所属し、大学も同じ。大人になってからも二人で会社を設立して働き、ルームシェアをして生活するというとても仲のよい姉妹である。

ところが、そんな二人の運命を大きく分ける出来事が起きた。2014年に、姉のモニカさんにだけ乳がんが見つかったのだ。「がんだと知ってショックで泣いたわ。医師からあなたは乳がんで、ステージはいくつで……とかあれこれ言われたけど、覚えていないの」と語るモニカさん。エリカさんも「気が狂いそうでした。神様に祈るしかないのかしらって思ったわ」と苦しそうな表情で当時の思いを語った。モニカさんは抗がん剤による治療を受けたが、2017年に再び発症し、現在も闘病生活を続けている。一方のエリカさんは、今のところ健康で、乳がん発症の徴候すら見られていない。

まったく同じゲノム配列をもつ一卵性双生児でありながら、なぜモニカさんにだけ乳がんが発症したのか。その理由をシーガル博士は次のように推測している。

「答えはまだ不明ですが、ヒントはあります。モニカさんとエリカさんがともにもっている病気に関する遺伝的な性質があると仮定しま

左ページ：アメリカ・ロングビーチ市で暮らす一卵性双生児の姉妹、モニカさん（左）とエリカさん（右）。
右ページ：モニカさんとエリカさんは、生まれはもちろん現在まで過ごした環境もよく似た、とても仲のよい姉妹だ。

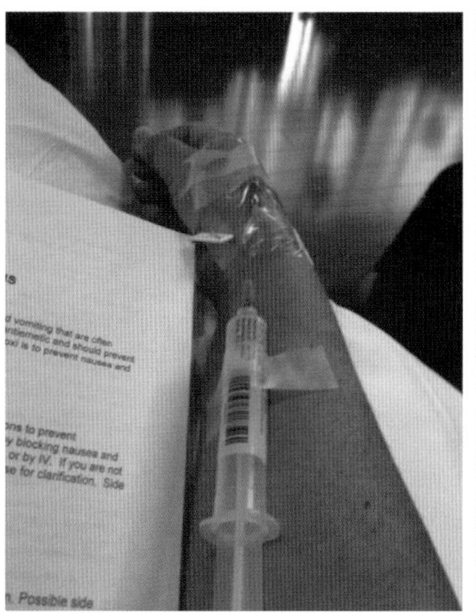

しかし2014年に、姉のモニカさんにだけ乳がんが発症した。

す。そしてモニカさんだけが、その遺伝子に影響を与えるなんらかの要因を抱えた。その結果、モニカさんだけが病気の引き金を引かれ、エリカさんは引き金を引かれなかったということなのかもしれません」

実は、こうしたケースは珍しくないという。16,000組の双子のデータの解析によると、生まれもった遺伝子が原因でがんになる割合は8%ほどだと判明している。では、残りの90%以上を占めるものは何か。これまでは、育った環境や生活習慣によるものということで説明されてきた。ところがここに、“DNAスイッチ”ともよべるあるしくみが関係しているということがわかってきている。

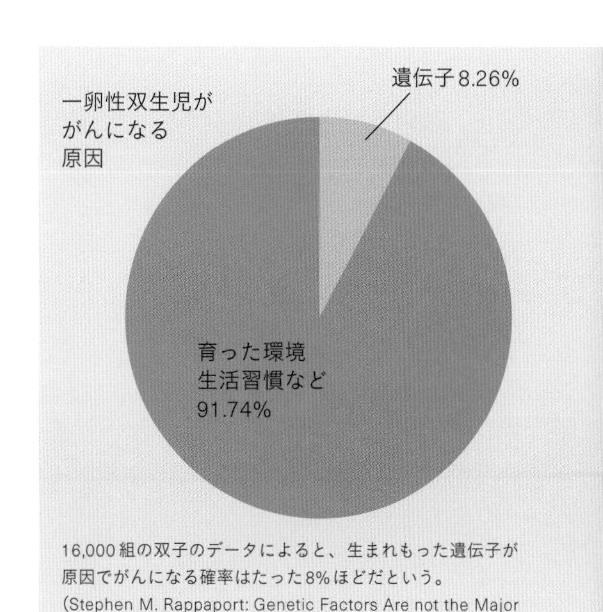

16,000組の双子のデータによると、生まれもった遺伝子が原因でがんになる確率はたった8%ほどだという。
（Stephen M. Rappaport: Genetic Factors Are not the Major Causes of Chronic Disease. PLOS ONE, 2016）

DNAにはスイッチがある——エピジェネティクス

双子の運命を分けたもの、その正体はいったい何か？　紐解く鍵となるものこそ、“DNAスイッチ”である。なんとDNAには、そのはたらきをオンにしたりオフにしたりする、スイッチのようなしくみがあるのだという。

私たちは生まれてから大人になるまで成長して変化していくが、自分がもつゲノム配列はほとんど変わることはない。ところが、“DNAスイッチ”の状態は変化する。こうした“DNAスイッチ”のオン・オフによる遺伝子発現（p.58参照）の調節を、専門的には「エピジェネティクス（後成遺伝学）」とよぶ。1942年にイギリスの生物学者コンラッド・ウォディントンが、「エピジェネシス（後成説）[1]」と「ジェネティクス（遺伝学）」をかけ合わせて作った言葉だ。「エピ」は「その先」という意味をもつので、「遺伝学の先にあるもの」という意味にもなる。

第1集では、DNAの98%の領域に結合する「転写因子」というタンパク質が遺伝子発現を調整するというしくみを紹介した。しかし“DNAスイッチ”は、そうした転写を調整する物質が直接関与することなしに、遺伝子発現を調節するしくみである。具体的には、DNAそのものやDNAが巻きついている「ヒストン」というタンパク質にメチル基などの物質が結合する「化学修飾」が起こり、転写のされやすさが変化するというものだ[2]。

1：発生学の分野で提唱された説。精子または卵子には生まれてくる子どもの小さなひな型が入っており、それが成長するのが発生の過程だと考える「前成説」に対して、生物の身体はまったく形のないところから次第に新しくつくられるという考え方が「後成説」である。現在では前成説はほぼ否定されている。
2：ヒストンにメチル基が結合する化学修飾を「メチル化」という（p.140参照）。

白く浮かんでいるものは、
抽出されたDNAのかたまり。

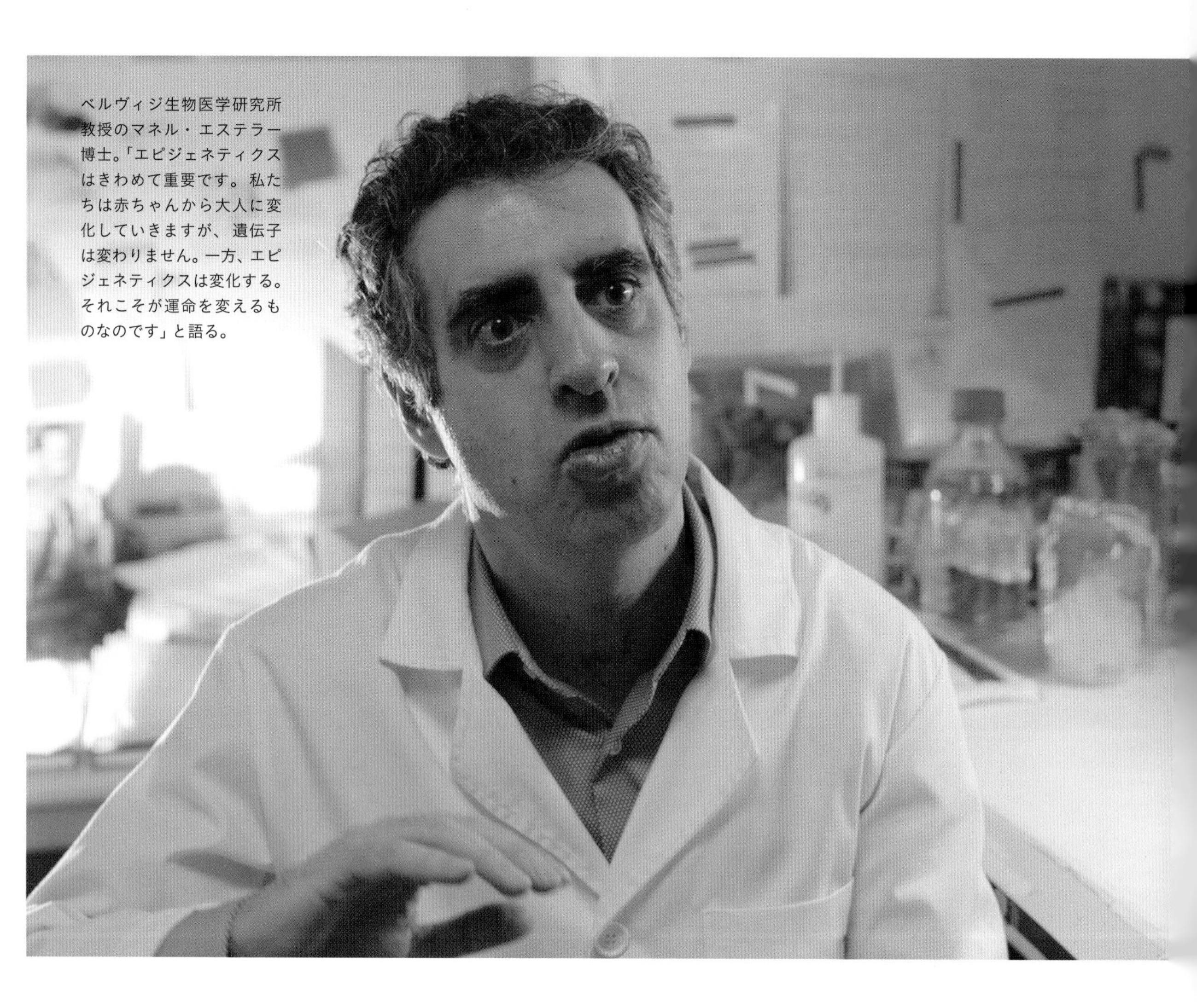

ベルヴィジ生物医学研究所教授のマネル・エステラー博士。「エピジェネティクスはきわめて重要です。私たちは赤ちゃんから大人に変化していきますが、遺伝子は変わりません。一方、エピジェネティクスは変化する。それこそが運命を変えるものなのです」と語る。

2005年、当時スペイン国立がんセンターに所属していたマネル・エステラー博士の研究チームは、40組80人の一卵性双生児を対象にしてゲノムの化学修飾の違いを調べた研究の報告を行った。エステラー博士の論文によると、一卵性双生児が幼いうちは化学修飾の差があまりないものの、年を取れば取るほどその差は開き、また、生まれてすぐに別の環境で暮らすことになったり、人生のどこかの段階で病気にかかったりといった異なるイベントを経験するほど、化学修飾の差が大きくなる傾向が見られたという。エステラー博士の論文には「生まれと育ち、つまり遺伝と環境、それらを結ぶミッシングリンクこそがエピジェネティクスである」と述べられている。それまで遺伝と環境は、どちらも人生に影響を及ぼすけれども、まったくフェーズが異なるもののように捉えられてきた。「Nature or Nurture?（生まれか、育ちか？）」その問いの存在こそが、2つをまったく別のものとして捉えてきた証拠にほかならない。ところが生まれと育ち、その両方を結びつける生命現象が存在することが明らかになったのだ。

エステラー博士は、モニカさんとエリカさんのような双子のケースについて次のように語った。

「一人はがんを発症し、もう一人は発症していないというような双子。これは、がんを発症していない方は、腫瘍に関連する遺伝子、つまりそのがんになりやすいような遺伝子のス

スペインにあるベルヴィジ生物医学研究所では、エピジェネティクスに関する最先端の研究が行われている。

画面上の緑の点と赤い点は、“DNAスイッチ”の状態を1つずつ読み取ったもの。

イッチがオフになっているからなのです。一卵性双生児たちの間に見い出されたのは、エピジェネティクスのレベルにおける違いです。DNAの化学修飾の違いによって、これらの人びとに起きた不一致を説明できるのです」

まったく同じゲノム配列をもつ一卵性双生児の姉妹、モニカさんとエリカさんの運命を分けたのは、エピジェネティクス、つまり“DNAスイッチ”の状態の違いなのだという。

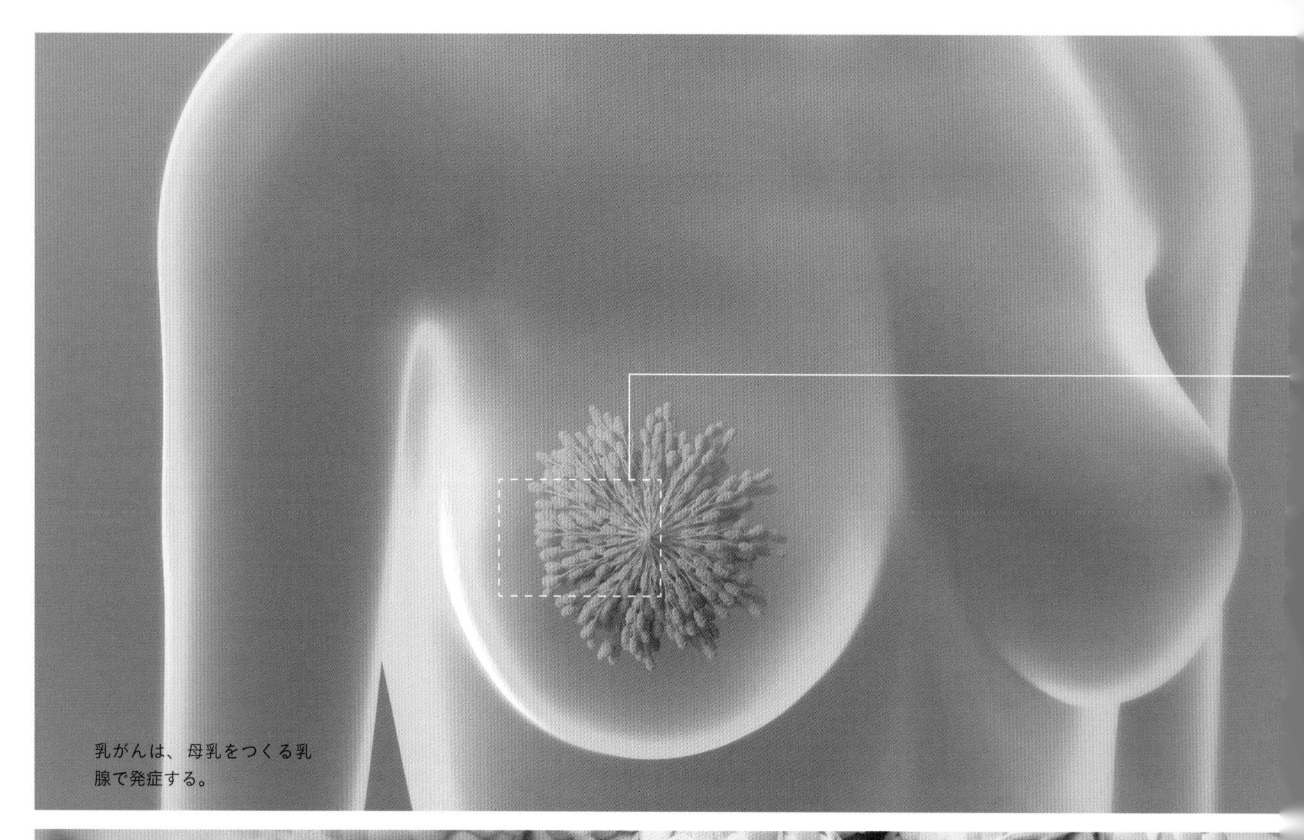

乳がんは、母乳をつくる乳
腺で発症する。

乳腺の拡大図。

女性に乳がんが多い理由

モニカさんとエリカさん、2人の運命を分けた乳がん。日本でも女性がかかるがんの1位は、モニカさんがかかってしまったその乳がんだ。乳がんには女性特有の性周期が関係しているという。思春期を迎えると、女性は月に1回排卵があり、生理が訪れる。妊娠のための準備が毎月行われているのだ。この準備のときに性ホルモンの分泌が増え、それによって乳房が発達する。女性の乳房は月経周期のたびに変化が起こる。もしあなたが女性なら、生理前に乳房が張ったようになると感じるかもしれない。それは性ホルモン分泌の高まりによってもたらされている。女性の乳房は月経周期のたびに性ホルモンを浴びて、より多くの細胞が増殖する。何かの理由でその増殖に歯止めがきかなくなったとき、がんとなってしまう。これが、女性に乳がんが多い原因だという。

乳がんは母乳をつくる乳腺で起こる。番組では乳腺のようすをCGで描いたが、まず基本となる乳腺細胞のようすを知るために協力を仰いだのが、カフェイン分解酵素のCG作成の際にも力を借りた旭川医科大学准教授の甲賀大輔博士だ。甲賀博士と日立ハイテクに乳腺細胞の電子顕微鏡撮影を依頼した。

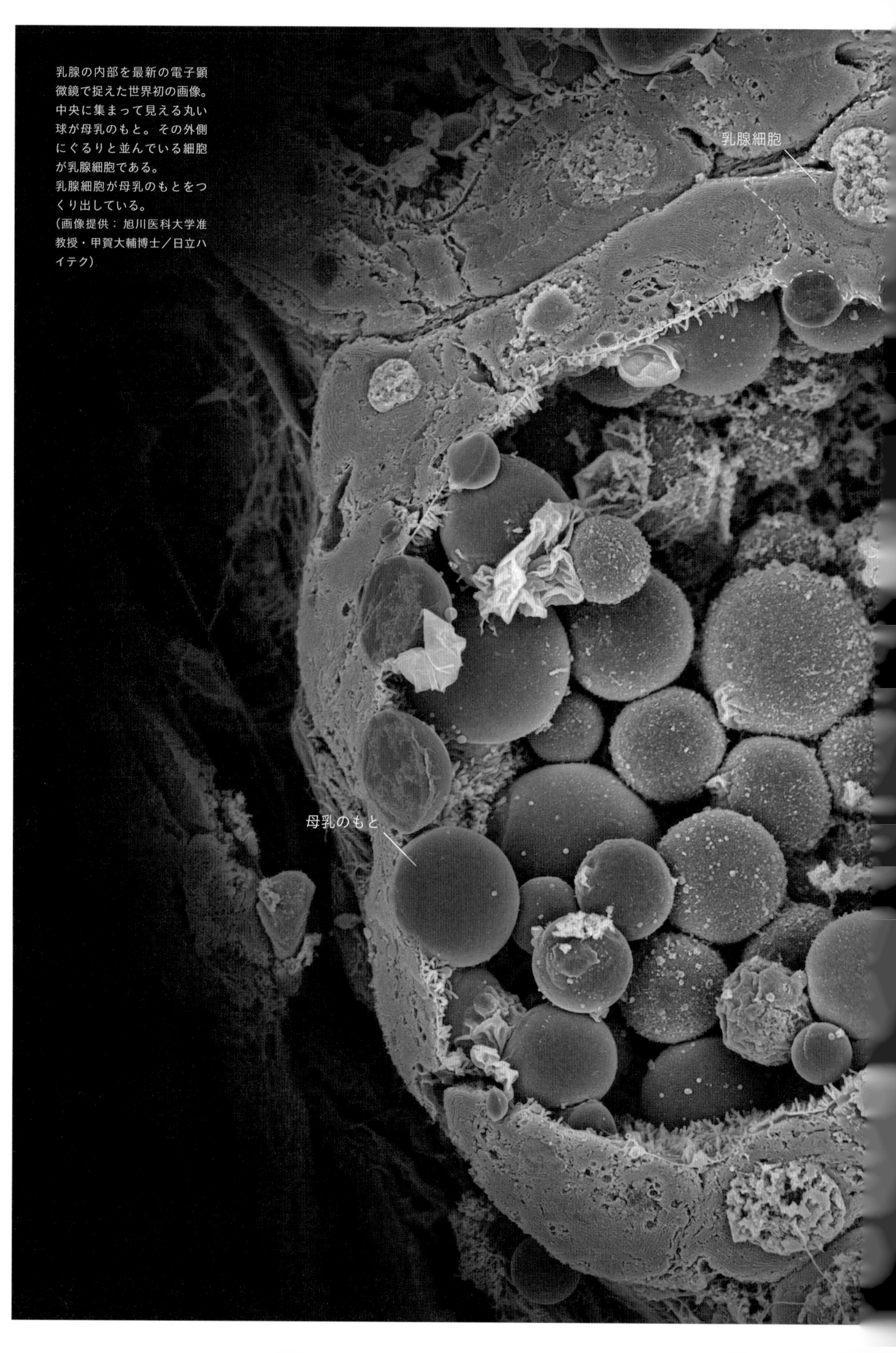

乳腺の内部を最新の電子顕微鏡で捉えた世界初の画像。中央に集まって見える丸い球が母乳のもと。その外側にぐるりと並んでいる細胞が乳腺細胞である。
乳腺細胞が母乳のもとをつくり出している。
（画像提供：旭川医科大学准教授・甲賀大輔博士／日立ハイテク）

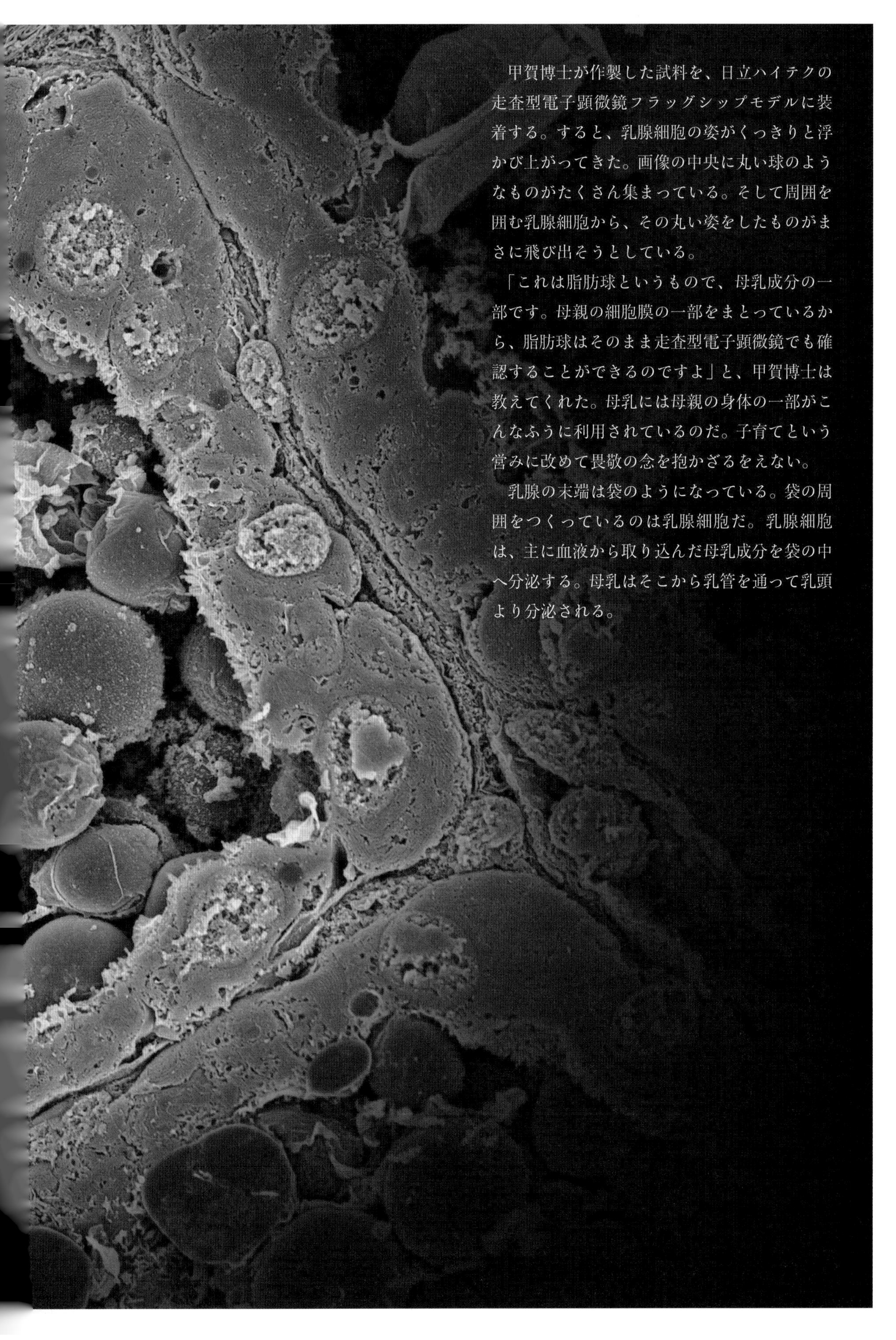

甲賀博士が作製した試料を、日立ハイテクの走査型電子顕微鏡フラッグシップモデルに装着する。すると、乳腺細胞の姿がくっきりと浮かび上がってきた。画像の中央に丸い球のようなものがたくさん集まっている。そして周囲を囲む乳腺細胞から、その丸い姿をしたものがまさに飛び出そうとしている。

「これは脂肪球というもので、母乳成分の一部です。母親の細胞膜の一部をまとっているから、脂肪球はそのまま走査型電子顕微鏡でも確認することができるのですよ」と、甲賀博士は教えてくれた。母乳には母親の身体の一部がこんなふうに利用されているのだ。子育てという営みに改めて畏敬の念を抱かざるをえない。

乳腺の末端は袋のようになっている。袋の周囲をつくっているのは乳腺細胞だ。乳腺細胞は、主に血液から取り込んだ母乳成分を袋の中へ分泌する。母乳はそこから乳管を通って乳頭より分泌される。

乳腺細胞のようす。

しかし、乳房が発達するときの細胞増殖が乳がんの原因になるというのであれば、授乳をするときの乳房発達も原因になるのではないか？　そう疑問に思うかもしれない。以前、この疑問を国立がん研究センター分野長の牛島俊和博士に投げかけたことがある。そのとき牛島博士は次のように回答してくれた。

「授乳は乳がんのリスクを下げるのです。性ホルモンへのたび重なる曝露や、肥満に伴う炎症などで異常をため込んだ乳腺の幹細胞（乳腺細胞のもとになる細胞）が、授乳によって分泌されている可能性があると考えています。授乳はむしろがんを抑える方にはたらくのです」

また、ほかに授乳が乳がんにかかるリスクを

乳腺細胞は異常に増殖してしまうことがある。これが乳がんの原因となる。

下げる要因としては、乳がんの発症に関わるといわれるエストロゲンなどの女性ホルモンが、授乳中に低下することも挙げられている。授乳は赤ちゃんを育むだけではなく、母親の身体も守っているのだという。

がん抑制遺伝子が細胞増殖に歯止めをかけている

一般にがんになる大きな原因の一つとして挙げられるのは、がん抑制遺伝子がはたらかなくなることだ。がん抑制遺伝子とは、細胞内でのDNAの誤った変化を修正したり、修正のしようもない場合には、その細胞の増殖を止め、そのまま自発的な死に向かわせたりするはたらきをもつ。がん抑制遺伝子が、細胞を正常な状態にメンテナンスしているのだ。私たちの身体の中では日々DNAの読み取りやつなぎ替えのエラーが起きている。そのまま放置すると、変なタンパク質ができてしまったり、逆に必要なタンパク質がつくれなくなってしまったり、

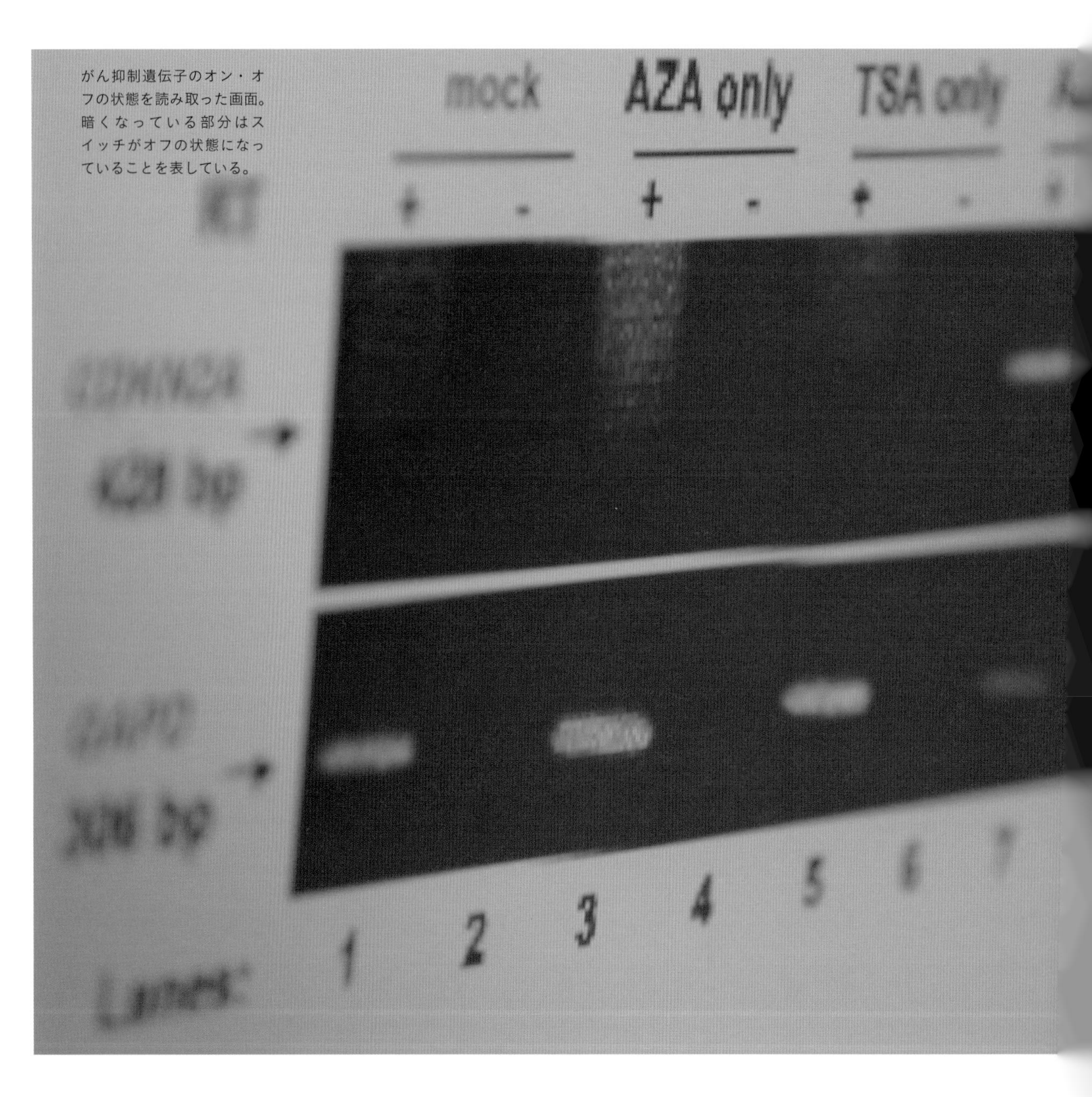

がん抑制遺伝子のオン・オフの状態を読み取った画面。暗くなっている部分はスイッチがオフの状態になっていることを表している。

そして酷いときには増殖が止まらず、がん化が起こる。がん抑制遺伝子が壊れると、大抵の場合がん化が起こってしまう。

現在では少なくとも200種類以上のがん抑制遺伝子が知られている。最も有名なものは「*p53*遺伝子」とよばれるがん抑制遺伝子で、ヒトのがんの中では、最も高頻度に*p53*遺伝子の異常が確認されている。少しわかりにくいがp.84–85のシミュレーションには白色の物質で*p53*遺伝子の姿が描かれている。*p53*遺伝子から生み出される「p53」というタンパク質は、転写因子としてはたらき、複数の遺伝子の活性を上げるはたらきをもつことが知られている。第1集のカフェイン分解酵素の合成のときは、転写因子としてAhRというタンパク質（p.66参照）がカフェイン分解酵素の読み取りを促進しているようすをCGで描いた。同じように*p53*遺伝子からできるp53タンパク質は、ほかの遺伝子たちの、とくにがんになることを抑制する遺伝子のはたらきを活性化することで、細胞のがん化を未然に防いでいる。

こうしたがん抑制遺伝子のはたらきを妨げる原因はいくつかわかっている。1つめは、タンパク質の情報に関わるゲノムの塩基配列の一部が欠けてしまう「欠失」。もう1つは、ゲノムの塩基配列が変わってしまう「変異」。この2つはいずれも設計図そのものが変わってしまうために、がん抑制遺伝子のはたらきが妨げられる。そして今回紹介するのは、第3のパターン。ゲノムの塩基配列の変化ではなく遺伝子制御が変化する「エピジェネティクス」である。塩基配列は変化しないので、設計図そのものは変わらない。しかし、その設計図が正常にはたらくためのスイッチに異常が起きるというものだ。

世界的ながん研究の権威であるジョンズ・ホプキンス大学のスティーブン・ベイリン博士は、このような遺伝子制御について次のように説明してくれた。「遺伝子はDNAであり、DNAはハードドライブのようなものです。身体のどの細胞もハードドライブはもっていま

すが、コンピュータのようにソフトウェアがなければ、DNAに話しかけても、DNAはどのようにしたらいいのかわかりません。エピジェネティクスとは、DNAのある領域に何をすべきかを伝えるソフトウェアです。エピジェネティクスという耳慣れない言葉は、その遺伝子がはたらくべきか否かというスイッチを与えるものを指しています」

実のところ、モニカさんの乳がんがどのような原因によって発症したのかはまだはっきりとはわかっていない。しかし、モニカさんのゲノムはすでにチェックされていて、塩基配列の変化は起こっていないという。一方で、一卵性双生児であるエリカさんは乳がんにかかっていないことを併せて考えると、モニカさんの乳がんも第3のパターン、エピジェネティクスに関係したものである可能性が高い。

エピジェネティクスには、いくつものパターンがあることも知られている。モニカさんに起きていそうな変化について牛島博士は、「がん

ジョンズ・ホプキンス大学教授のスティーブン・ベイリン博士は、世界的ながん研究の権威だ。
ベイリン博士らが乳がんと大腸がんの患者215人を調べたところ、全員がん抑制遺伝子はもっているにも関わらず、6割以上の患者でがん抑制遺伝子の"DNAスイッチ"がオフになっていることが明らかになった。

化で最も関係が深いエピジェネティクスがDNAメチル化です。DNAは一度メチル化されると、その状態がその後もずっと続く可能性が高いのです」と話す。この点について、東京工業大学教授の木村宏博士も「外れにくいのはDNAのメチル化です」と教えてくれた。

今回番組では、がんに最も関係が深いと考えられているDNAメチル化について取り上げた。複数存在するがん抑制遺伝子の中でも「*p16*遺伝子」というがん抑制遺伝子に着目し、高精細なCGを作成した。*p16*遺伝子は、細胞が増殖へ向かうことをストップさせるはたらきを持っている。細胞内でなんらかの異常が起きたときに、たとえばp53タンパク質などの伝令を受けて、*p16*遺伝子は細胞増殖をストップさせ、その細胞ががん化に向かうことを防いでくれる。そのため、なんらかの理由でこの*p16*遺伝子のはたらきが妨げられると、本来増えてはいけないはずの細胞が増えてしまうことになる。つまり、それががん化の一因となる。

絡まり合うゲノムが遺伝子のはたらきを封じ込める

このDNAメチル化が乳がんを引き起こすしくみをCGとともに見ていこう。最新科学研究が描き出したエピジェネティクスの姿。高精細なCGは番組のために作られた世界初の映像だ。

正常な細胞の中であれば、何か異常が起これぱただちにがん抑制遺伝子の*p16*遺伝子が大量に発動し、細胞増殖をストップしてくれる。細胞が増殖し続けるがん化という現象は、健康な身体では未然に阻止されている。*p16*遺伝子が発動していればその細胞は増殖できず、やがて細胞死するか、そこにあっても増えることはない。

“DNAスイッチ”
オンの場合

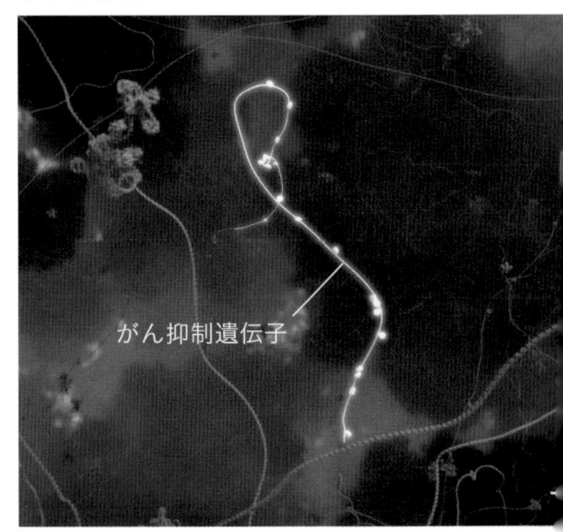

白い部分が、がん抑制遺伝子を表している。

mRNAの情報をもとにがんを抑える物質（タンパク質）がつくられる。

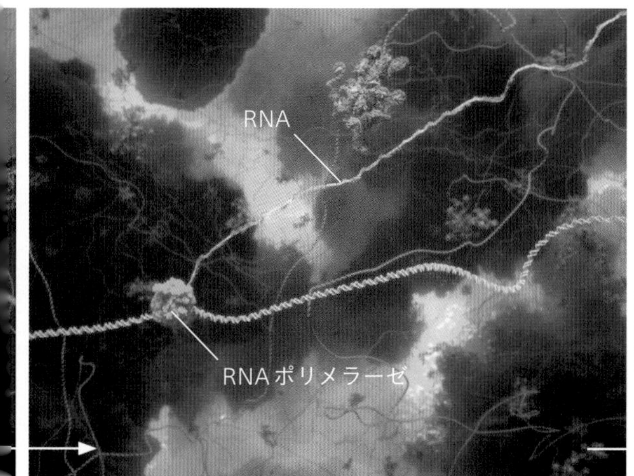

“DNAスイッチ”がオンであれば、遺伝子上を読み取り機のRNAポリメラーゼが走ることで、がん抑制遺伝子の設計図が写し取られ、RNAがつくられる。

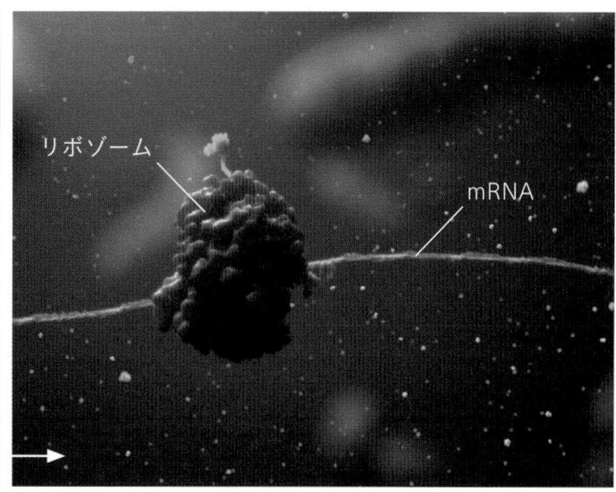

つくられたRNAはmRNAとなり、核の中から細胞質へ移動し、物質をつくる製造機であるリボソームにキャッチされる。

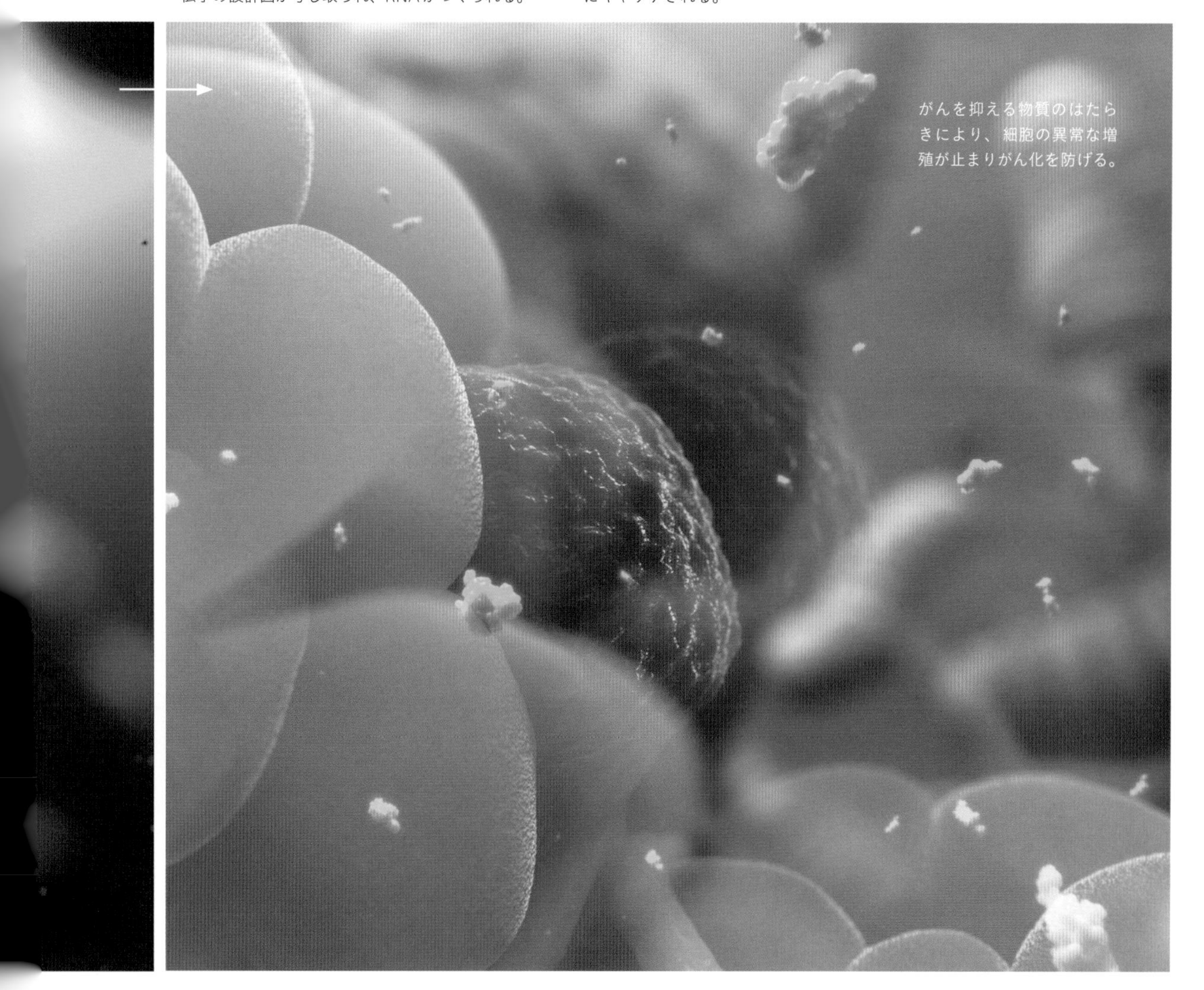

がんを抑える物質のはたらきにより、細胞の異常な増殖が止まりがん化を防げる。

しかし、タバコやアルコール、あるいは肥満による炎症、性ホルモンの感受性の違いなど、さまざまな要因によって細胞は「DNAメチル化酵素」というタンパク質を発動させる。この酵素は、DNAを構成しているシトシン（C）という塩基に、メチル基という小さな印をつけるはたらきをもつ。その名の通り、DNAをメチル化する酵素だ。

“DNAスイッチ”
オフの場合

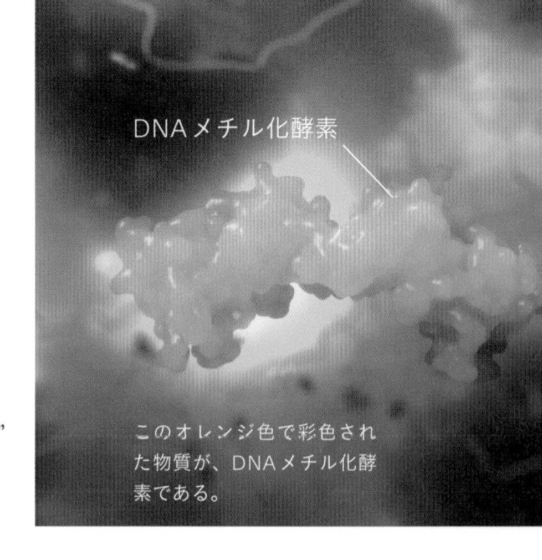

このオレンジ色で彩色された物質が、DNAメチル化酵素である。

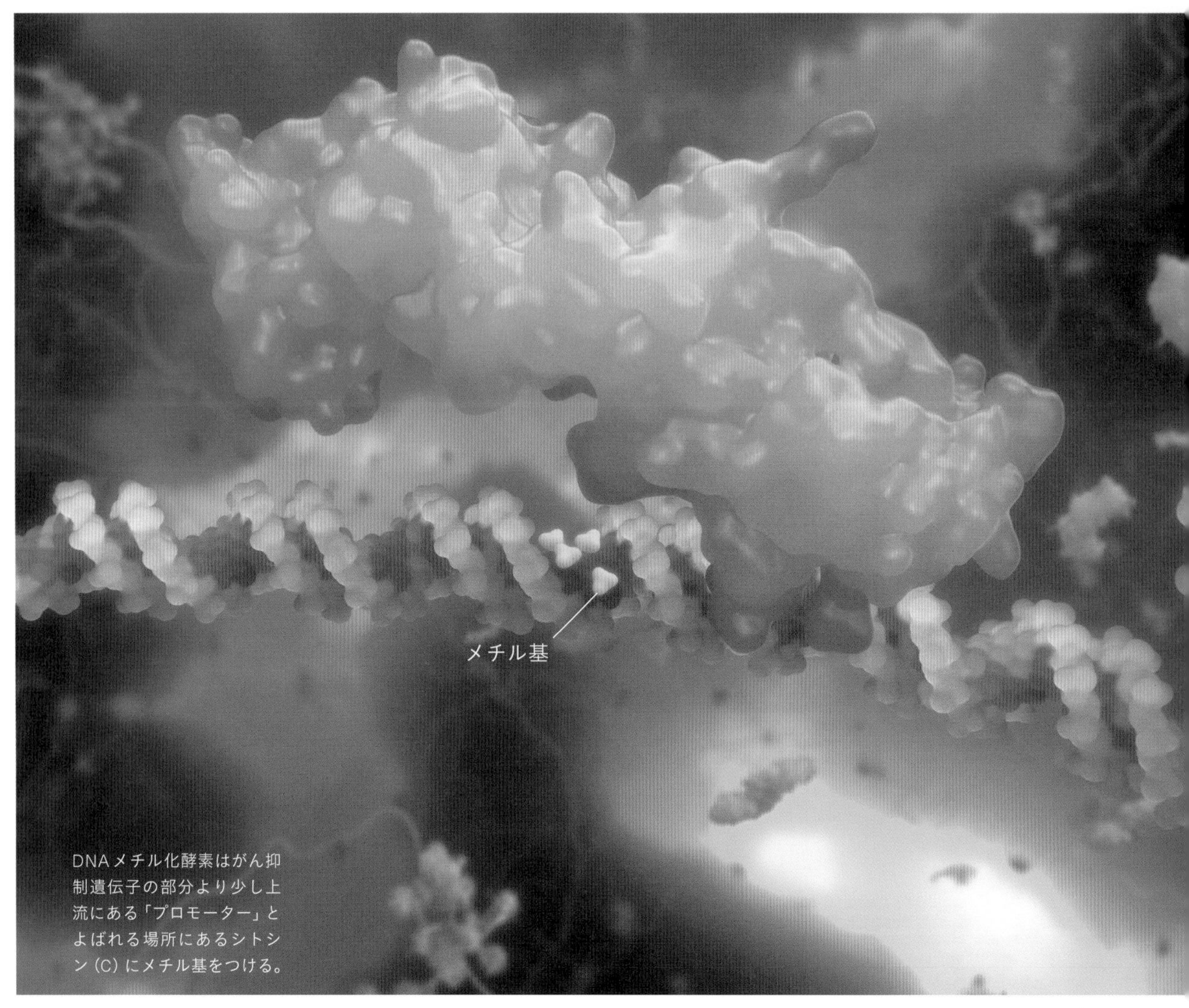

DNAメチル化酵素はがん抑制遺伝子の部分より少し上流にある「プロモーター」とよばれる場所にあるシトシン（C）にメチル基をつける。

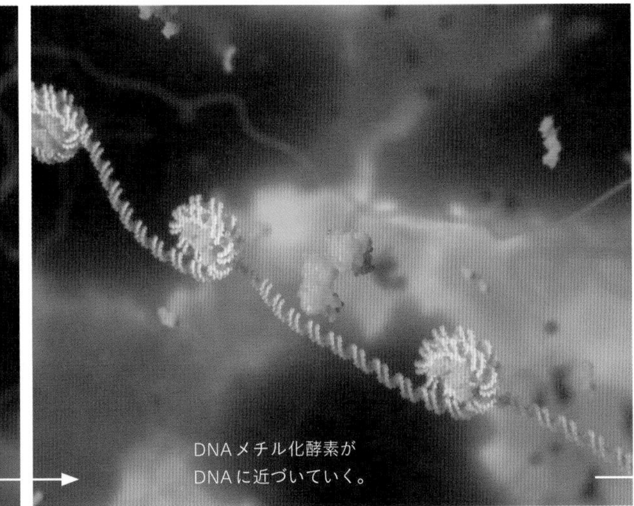
DNAメチル化酵素が
DNAに近づいていく。

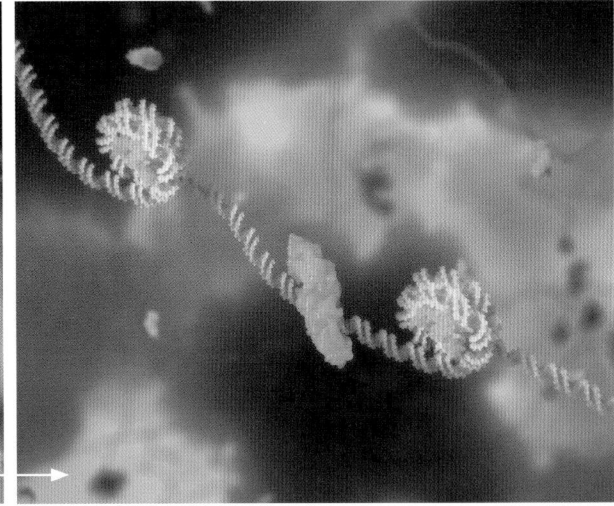

メチル基の大きさはおよそ
1,000万分の1 mm。これが
目印（エピジェネティクス・
マーク）となる。

DNAメチル化酵素は、ある特別なゲノムの配列を認識し、その配列がある場所にメチル基をつける。その特別な配列とは、シトシン（C）の次にグアニン（G）が続く「CG」という配列で、タンパク質をコードしている領域より少し上流にある「プロモーター」とよばれる場所に多く存在する。この場所にメチル基がつくと、ほかのタンパク質を引き寄せ、さらに引き寄せられたタンパク質同士が結合する。

つまりDNAメチル化は、ゲノムにメチル基をつけてマーク（印）を置くことで、タンパク質を引き寄せ、ゲノムの構造形態を変えることで読み取りを停止させるのだ。DNAメチル化というエピジェネティクス・マークによって、遺伝情報は読み取られなくなり、遺伝子ははたらくことができなくなる。

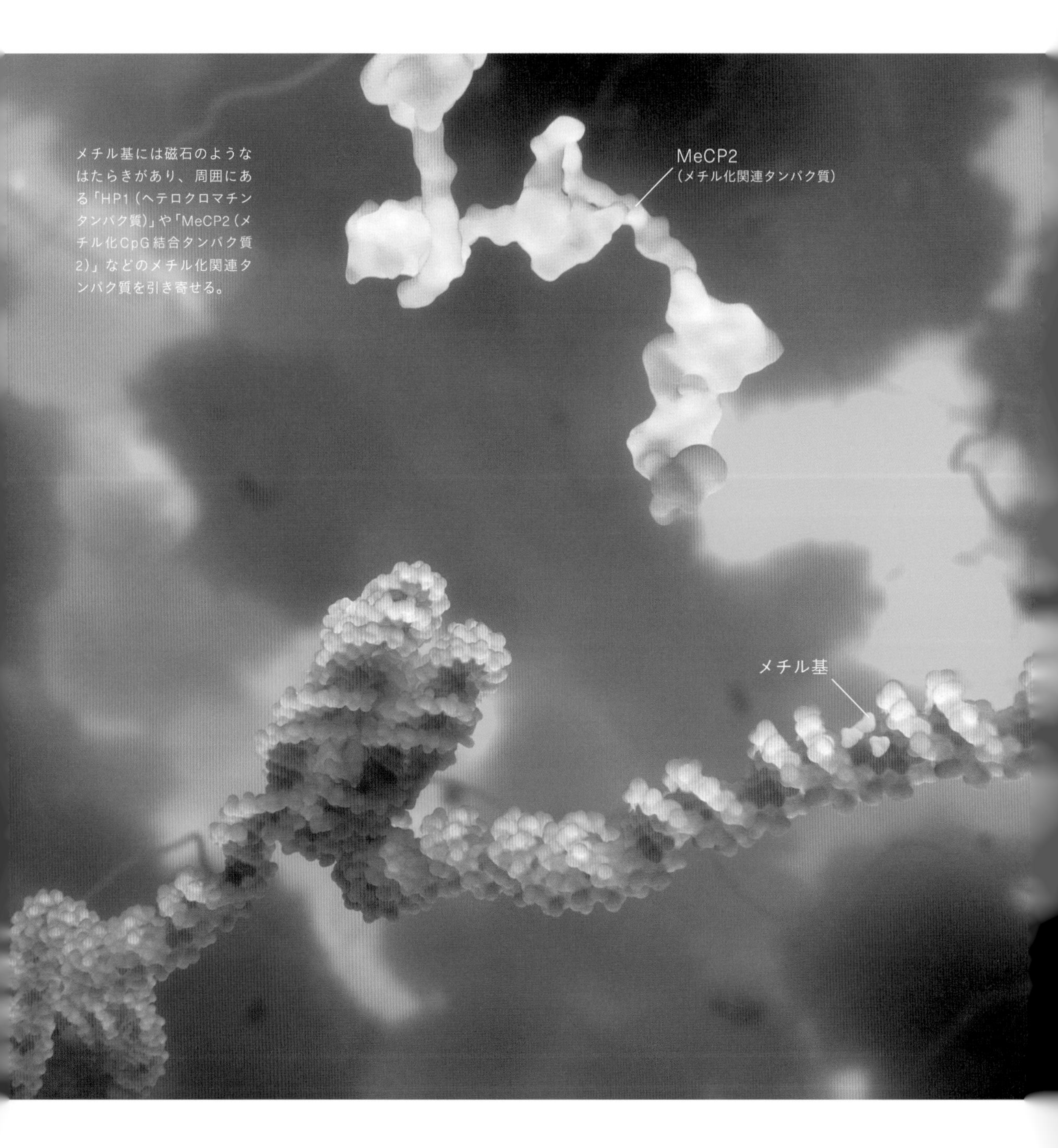

メチル基には磁石のようなはたらきがあり、周囲にある「HP1（ヘテロクロマチンタンパク質）」や「MeCP2（メチル化CpG結合タンパク質2）」などのメチル化関連タンパク質を引き寄せる。

CGをよく見ると、DNAが何かに巻かれていることがわかる。この糸巻きの部分が、ヒストンとよばれるタンパク質で、このヒストンにもメチル基がつく。特定の場所にメチル基がついたヒストンには、別のタンパク質「HP1（ヘテロクロマチンタンパク質）」がくっつき、DNAはまるで絡まり合うように折りたたまれていく。

このような形態になると、もうDNAの情報を読み取ることができなくなってしまう。カフェイン分解酵素をつくるときに走っていた読み取り機のRNAポリメラーゼが入り込む余地がない。このようなゲノムの構造変化というメカニズムによって*p16*遺伝子のようながん抑制遺伝子がはたらけなくなってしまい、がんが引き起こされると考えられる。

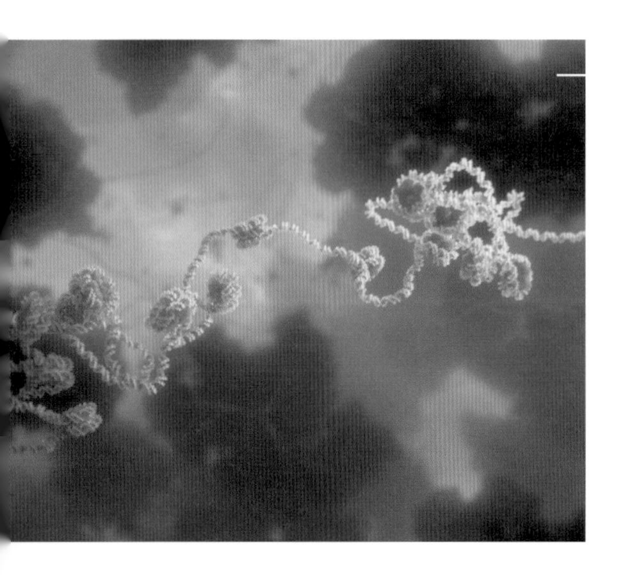

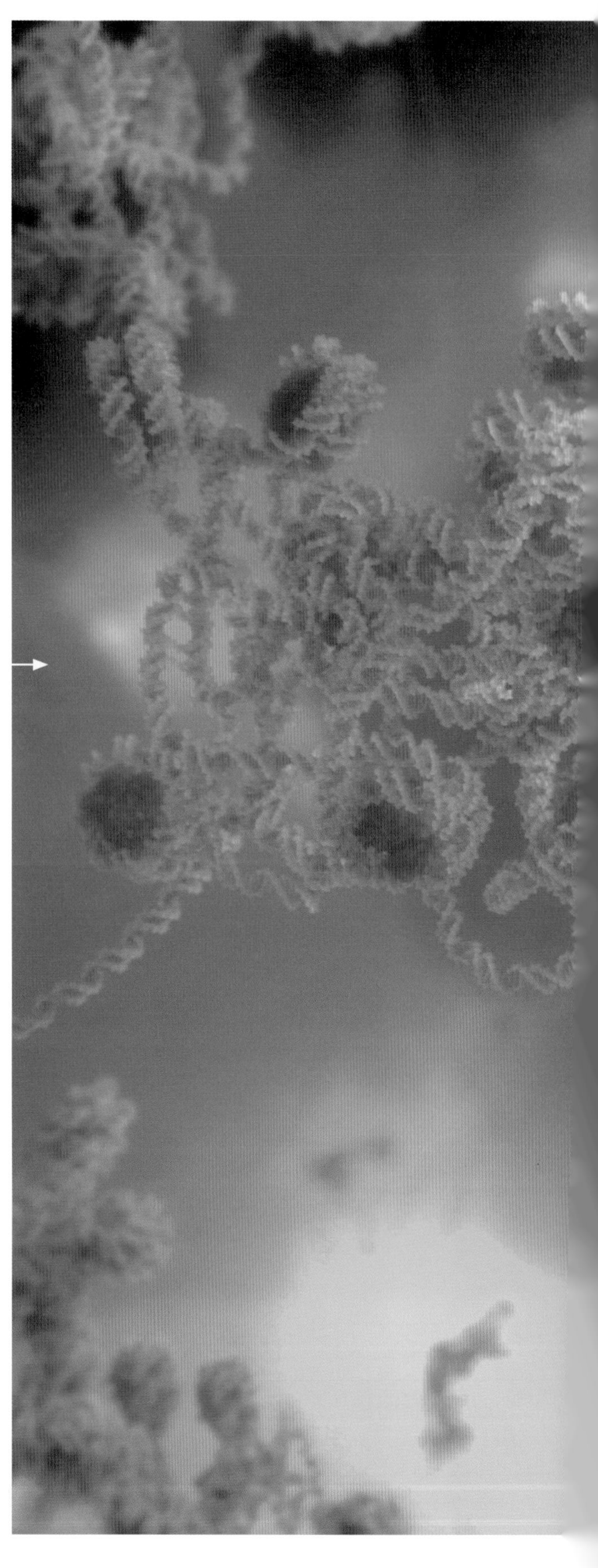

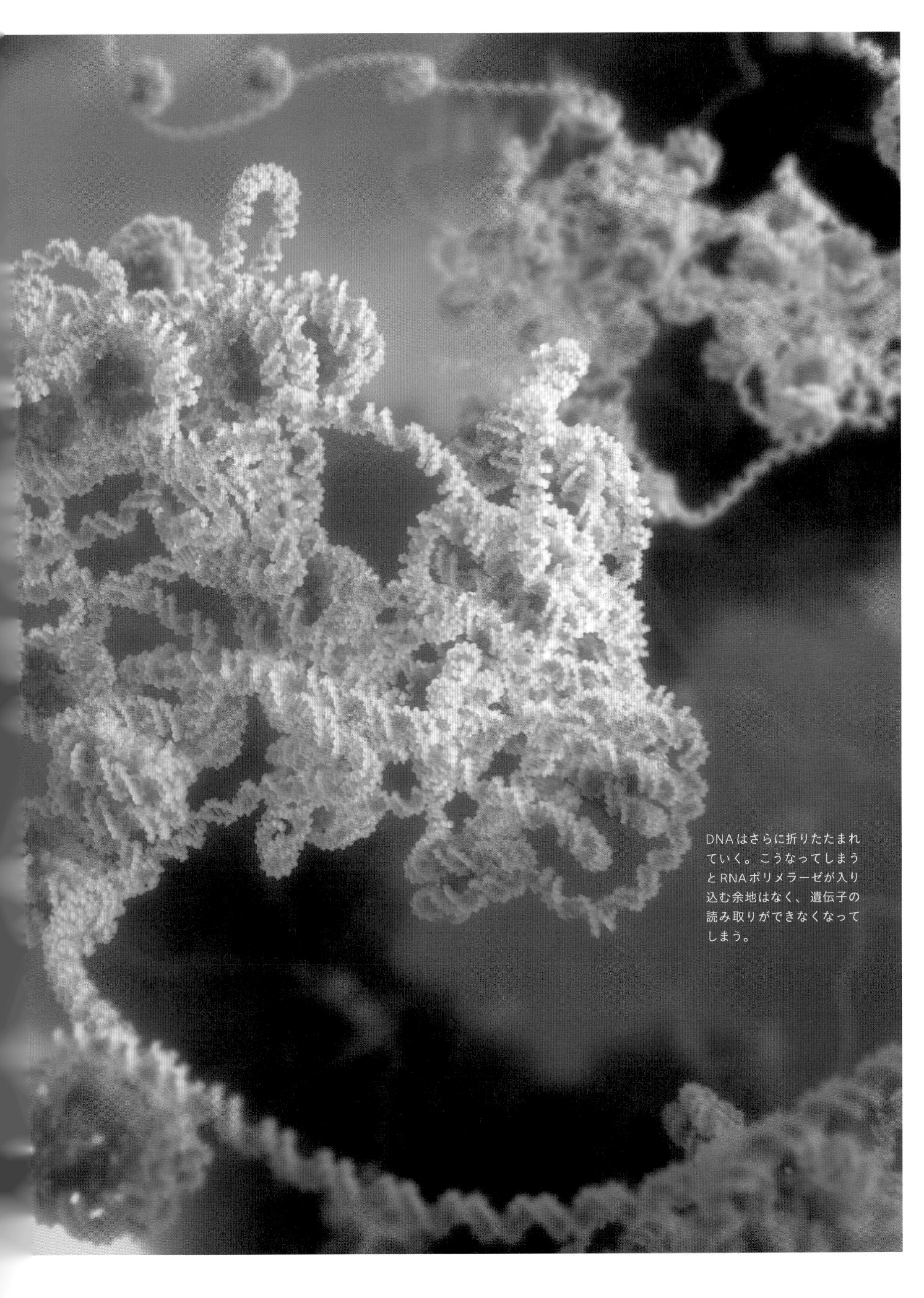

DNAはさらに折りたたまれていく。こうなってしまうとRNAポリメラーゼが入り込む余地はなく、遺伝子の読み取りができなくなってしまう。

エピジェネティクスを応用したがん治療

アメリカ・メリーランド州にあるジョンズ・ホプキンス大学教授のスティーブン・ベイリン博士は、世界的ながん研究の権威であり、エピジェネティクスの一つであるDNAメチル化とがんとの関係を見い出した研究者の一人だ。

ベイリン博士らの研究室は、がんを引き起こすDNAメチル化の中でも、最も頻度が高いといわれる*p16*遺伝子のスイッチの異常を世界に先駆けて発見した。そしてベイリン博士は、そのしくみを応用してがんの治療に役立てる研究を進めている。

その研究の一つが「アザシチジン（商品名：ビ

アメリカ・メリーランド州のジョンズ・ホプキンス大学。この研究室では、“DNAスイッチ”のしくみを利用したがん治療薬の研究が進められている。

ダーザ）」という薬を利用してがん治療の効果を高めるというものだ。アザシチジンは「DNAメチル化酵素阻害剤」という種類の薬の一つで、DNAにメチル基が結合するのを防ぐはたらきをもつ。

もともとアザシチジンは1960年代につくられた物質だったが、細胞に対する毒性が非常に強く、長らく薬剤開発が進んでいなかった。その後、アザシチジンにDNAメチル化を抑制するはたらきがあることが明らかになったが、ベイリン博士はその研究を受け継いでさらにアザシチジンの分析を続け、ついにはアザシチジンにはがん細胞の中で異常なかたちで眠らされている遺伝子を目覚めさせるはたらきがあることを発見した。「私たちにとって、最も興奮した瞬間の一つです。このことを突き止めるのに30年ほどかかりました」と、ベイリン博士は語る。

ベイリン博士は、薬剤開発の臨床試験に参加したある女性患者を紹介してくれた。重い肺がんを患う彼女は、すでにがん免疫療法[1]の治療を受けており、免疫チェックポイント阻害薬[2]の一種である「ニボルマブ（商品名：オプジーボ）」という薬を試していたが、経過は思わしくなかった。そこで、この免疫チェックポイント阻害薬に加えてDNAメチル化酵素阻害薬のアザシチジンを併用するというベイリン博士の臨床試験に参加することになった。その結果、彼女には劇的な変化が起きた。がん細胞の増殖がストップし、肺がんの進行が抑えられているというのだ。

1: 免疫のはたらきを利用した治療法で、免疫ががん細胞を攻撃するはたらきを高める方法と、がん細胞が免疫のはたらきを抑制している原因を取り除く方法の大きく2つの方法がある。なお、免疫療法を謳う治療法には、保険診療として認められておらず（保険適用外）、効果が証明されていないものもあるため慎重に考える必要がある。本書では、標準治療となっている（有効性が証明されている）ものと、科学的に研究開発が進められているものを免疫療法として扱う。

2: がん細胞が「免疫チェックポイント」に結合するのを防ぐはたらきをもつ薬。免疫細胞（T細胞）の表面には、免疫抑制の命令を受け取るためのタンパク質（受容体）が存在しており、これを免疫チェックポイントという。がん細胞は、この免疫チェックポイントに結合して免疫細胞からの攻撃を抑えている。

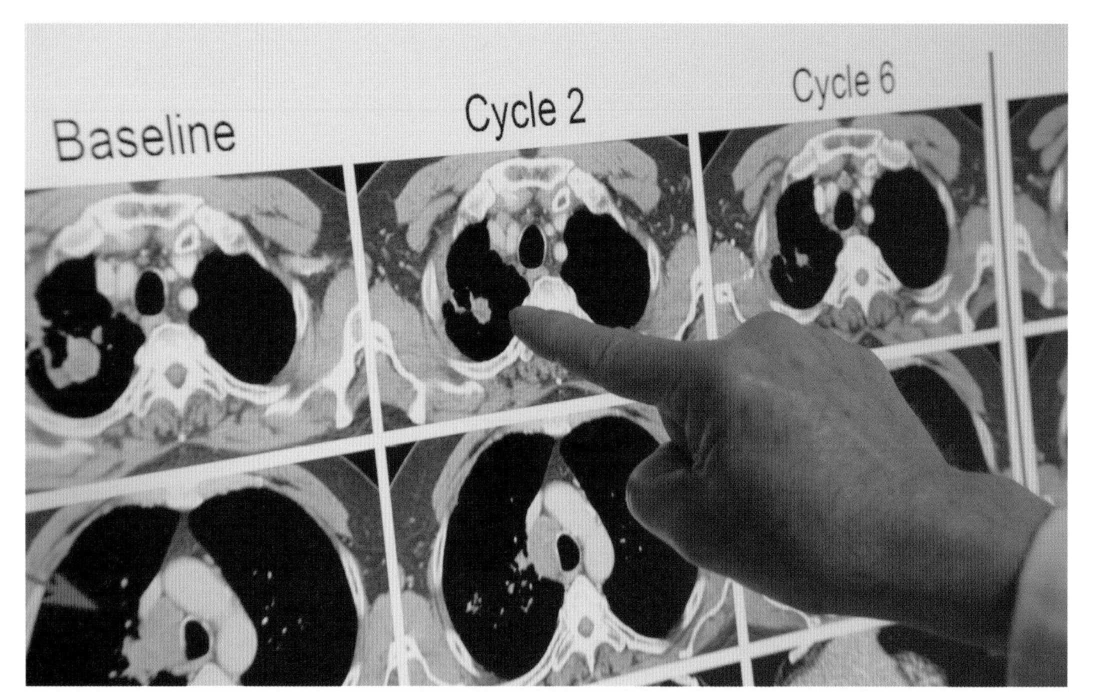

指の先で示されている白い塊ががん。上段の写真の男性は余命数か月とされていたが、治療を始めたところ徐々にがんが小さくなり、8か月後にはほとんど消えたという。

実際にどの遺伝子に効果がもたらされたかはまだ明らかではないが、*p16*遺伝子などのがん抑制遺伝子を含め、DNAメチル化で封じ込められていたなんらかの遺伝子がアザシチジンによってスイッチが入り、はたらき始めたと考えられる。そしてそこに免疫細胞のはたらきを活性化するPD-1抗体であるニボルマブの効果が重なり、肺がん治療に効果が表れたのだろう。DNAメチル化酵素阻害薬ががん抑制遺伝子のはたらきを目覚めさせることを発見したベイリン博士は、現在、あらゆるがんに共通して最も効果が出るようにDNAメチル化酵素阻害薬の改良を重ね、がん免疫療法の効果を高めることを目指している。

ベイリン博士は、この臨床試験を思いつくきっかけとなった患者のことを語ってくれた。

「その方はボルティモアで警察官をしていました。不幸にも60代で肺がんを患い、DNAメチル化酵素阻害薬を単独で投与していましたが、がんは縮小せず、むしろ成長しているようにも見えました。その後、がん免疫療法の臨床試験に参加したところ、2週間ほどでほとんどのがんが消えたのです。あれから5、6年経った今でもご存命で、フロリダで暮らしています」

この臨床例から、DNAメチル化酵素阻害薬をがん免疫療法の前段階で投与することで治療がうまくいくのではないかという発想が生まれたという。ベイリン博士は臨床試験を開始し、DNAメチル化酵素阻害薬を使うエピジェネティクス治療からがん免疫療法に移行した患者5人のうち3人の腫瘍が縮小するという成果を得た[3]。DNAメチル化酵素阻害薬と免疫チェックポイント阻害薬、ベイリン博士はこの二つの薬の組み合わせに期待を寄せ、現在も意欲的に研究を進めている。

3: がんの治療は、がんの種類や症状、進行度、また個人差による効果の違いが大きく、標準治療（科学的根拠に基づき現在利用できる最良の治療であることが示された、推奨される治療）でもすべての患者に対して効果があるわけではない。治療方針を検討する際には、必ず医師と相談の上で行うことが大切だ。

focus on

小児がんと闘う

アザシチジンのほかにも、エピジェネティクスを利用した薬の開発が進められている。その一つの例が、日本の大阪市立総合医療センターで始まっている。この病院には神経芽腫という小児がんと闘う子どもたちがいる。

小児がんには抗がん剤が効くものと、難治性のものがあるが、難治性のケースでは、がん抑制遺伝子がメチル化などの化学修飾によってはたらかなくなっているということがわかりつつある。そこで、抗がん剤が効きにくい難治性の小児がんである神経芽腫の子どもたちを対象にした、DNAメチル化酵素阻害薬の臨床試験が始められているという。

「みんなが使える治療になったらいいなというのはあります」臨床試験に参加している幼い男の子を抱いた母親は話す。

「病気が治ったら、おでかけする？　電車に乗る？」「でんしゃ、のる」

この臨床試験は2018年10月に開始された。朗報を待つばかりだ。子どもたちの明るい未来を願わずにはいられない。

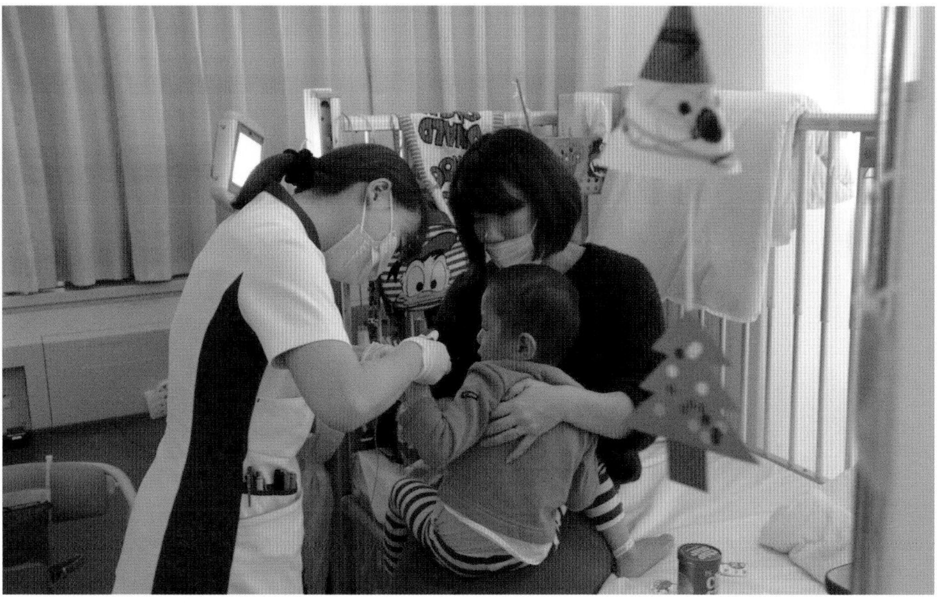

左：大阪市立総合医療センターでは、神経芽腫という小児がんを対象としたDNAメチル化酵素阻害薬の臨床試験が行われている。
下：臨床試験を受ける小児がんの男の子。病気が治ったら電車に乗りたいと教えてくれた。

ゲノムの構造が遺伝子のはたらきを左右する

アザシチジンは、細胞の中でDNAメチル化酵素のはたらきを抑えることで、DNAメチル化が起こらないようにする役割をもつ。具体的には、アザシチジンはDNAメチル化酵素がメチル基を結合する場所であるシトシン（C）に似た化学構造をもっており、このシトシンに代わるかたちでDNAに入り込む。

緑で彩色された物質がアザシチジン。がん抑制遺伝子に近づいていく。

アザシチジンは、DNAメチル化酵素がメチル基をつける場所であるシトシンに代わって取り込まれる。

アザシチジン

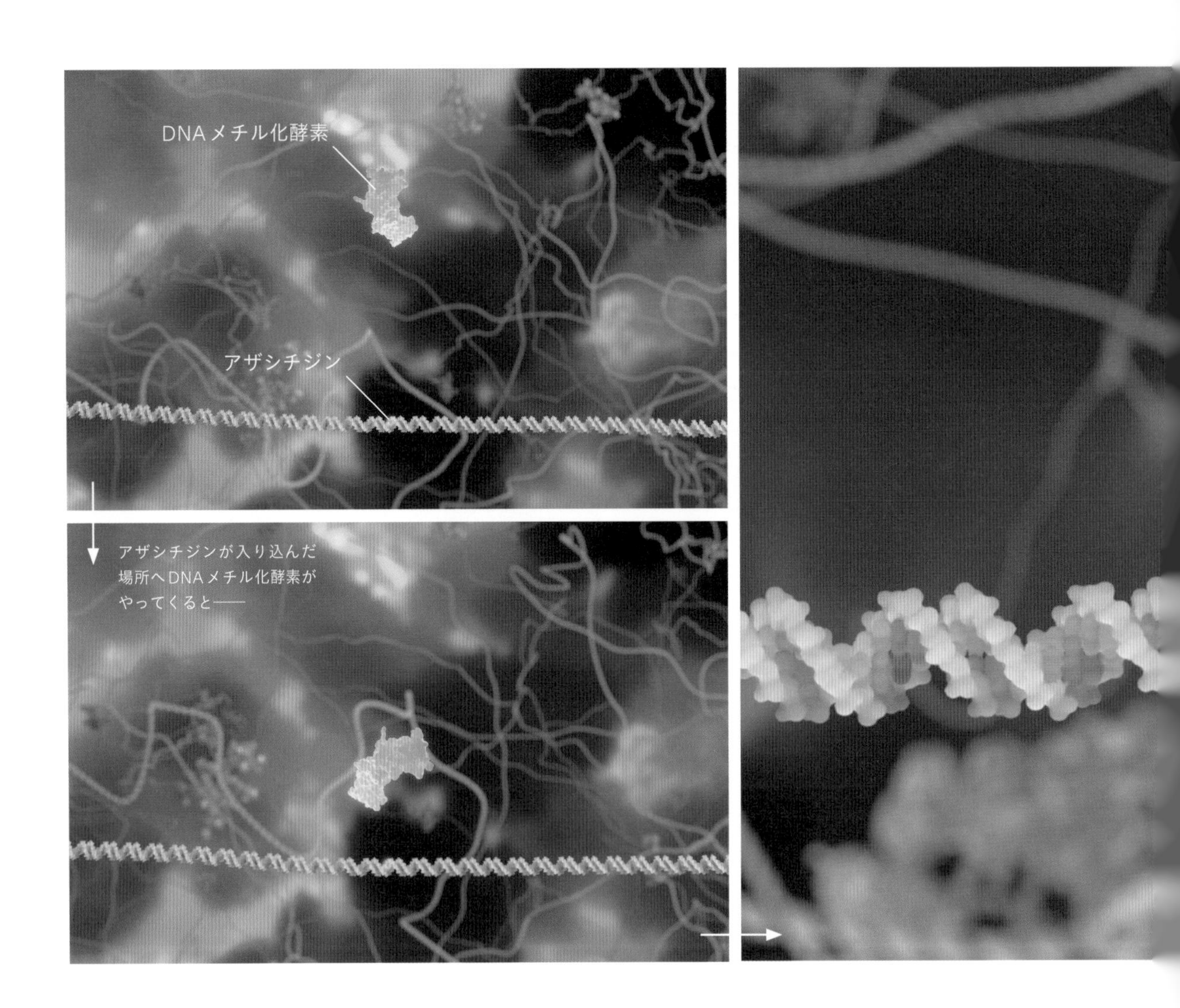

アザシチジンが取り込まれた場所へ、DNAメチル化酵素がメチル基をつけようとやってくると、そのままアザシチジンから離れることができなくなってしまう。アザシチジンがDNAメチル化酵素をトラップしてしまうのだ。トラップされたDNAメチル化酵素は、DNAに結合した異物と認識されて、「プロテアソーム」という細胞内の異常なタンパク質を破壊する役割の酵素に捕まり、結合した部分のDNAごと分解されてしまう。その後DNAの方だけは、二重らせんの2本鎖のうちの切り取られなかったもう片方の鎖の塩基配列を参考に、修復機構がはたらいて綺麗に修復される。このような過程を繰り返すことで、メチル基を結合させるDNAメチル化酵素の数が減り、DNAメチル化が起こりにくくなると考えられている。

ところで、このしくみだとDNAのメチル化した部分が無差別に解放されてしまうのではないかと心配に思う読者もいるかもしれない。この点について牛島博士に尋ねたところ、「どうやら細胞に都合の悪い場所、がんに関連するような部分からメチル基が外されていくようなのです。これは今まさに研究を進めているところです」と教えてくれた。

CGを作るにあたって、どうしてもはっきりさせておかなければならないのが、これらの過程で活躍するタンパク質がどのような姿をしているのかということだ。DNAメチル化酵素

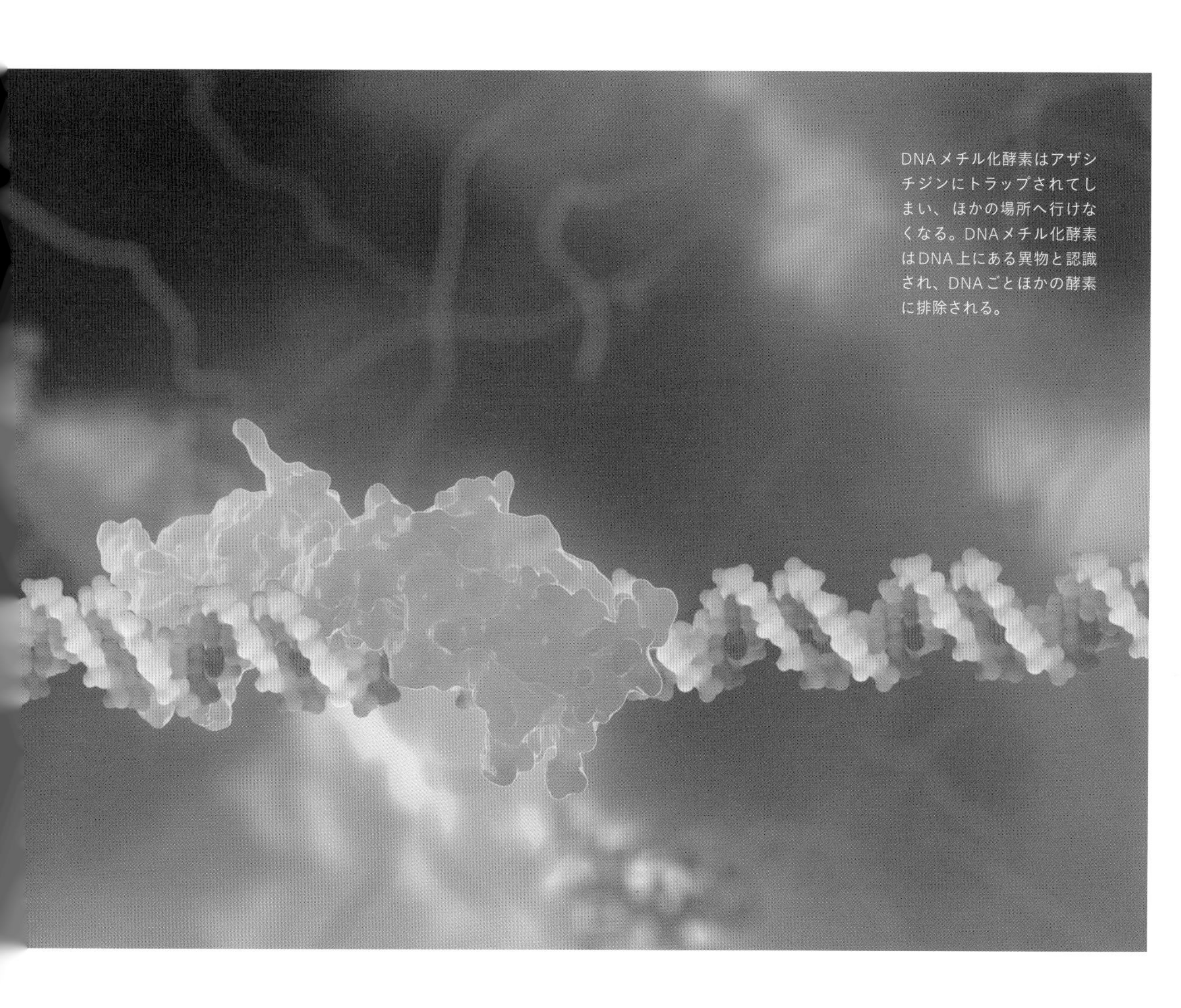
DNAメチル化酵素はアザシチジンにトラップされてしまい、ほかの場所へ行けなくなる。DNAメチル化酵素はDNA上にある異物と認識され、DNAごとほかの酵素に排除される。

の形など、数多くの質問に答えてくれたのも木村博士だった。メチル化に関わるタンパク質は未だ一部しか構造解析されていないものも多い。木村博士が代表を務める新学術領域「遺伝子制御の基盤となるクロマチンポテンシャル」のメンバーにも意見を仰ぎ、ときには構造モデルの作製までしてもらうこともあった。たとえばp.145のHP1というタンパク質は、がん研究所研究員の立和名博昭博士にモデル作製をお願いしたものだ。一言でDNAメチル化酵素といっても、DNAのどの状態のときにメチル基をつけるかによっても、種類が違っているという。このCGも、研究者の助言なくしては実現しえないものだった。

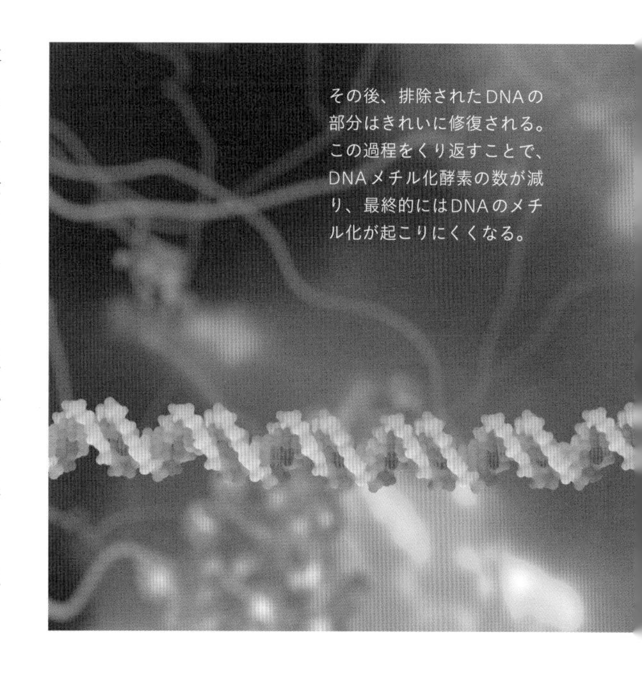
その後、排除されたDNAの部分はきれいに修復される。この過程をくり返すことで、DNAメチル化酵素の数が減り、最終的にはDNAのメチル化が起こりにくくなる。

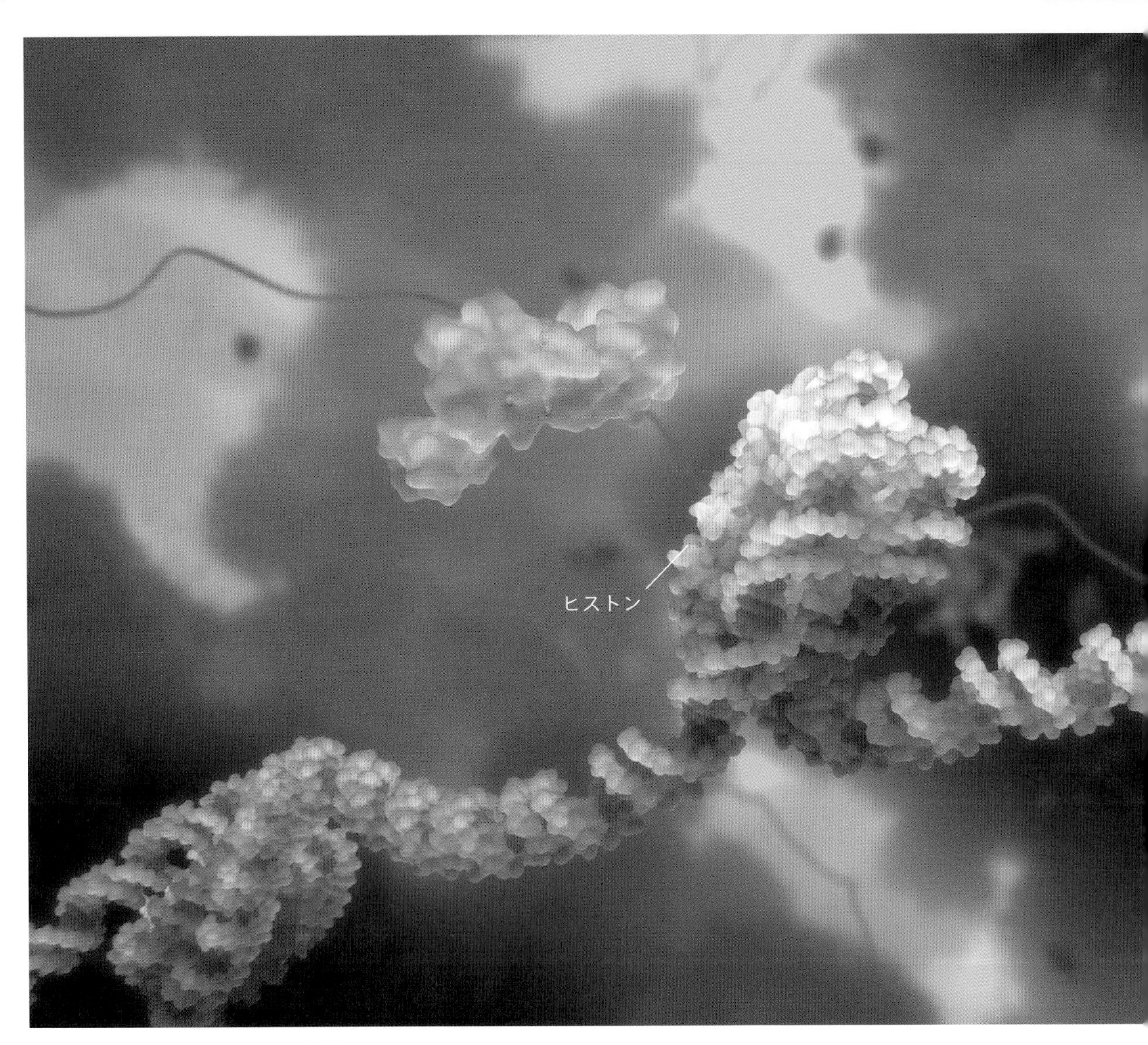

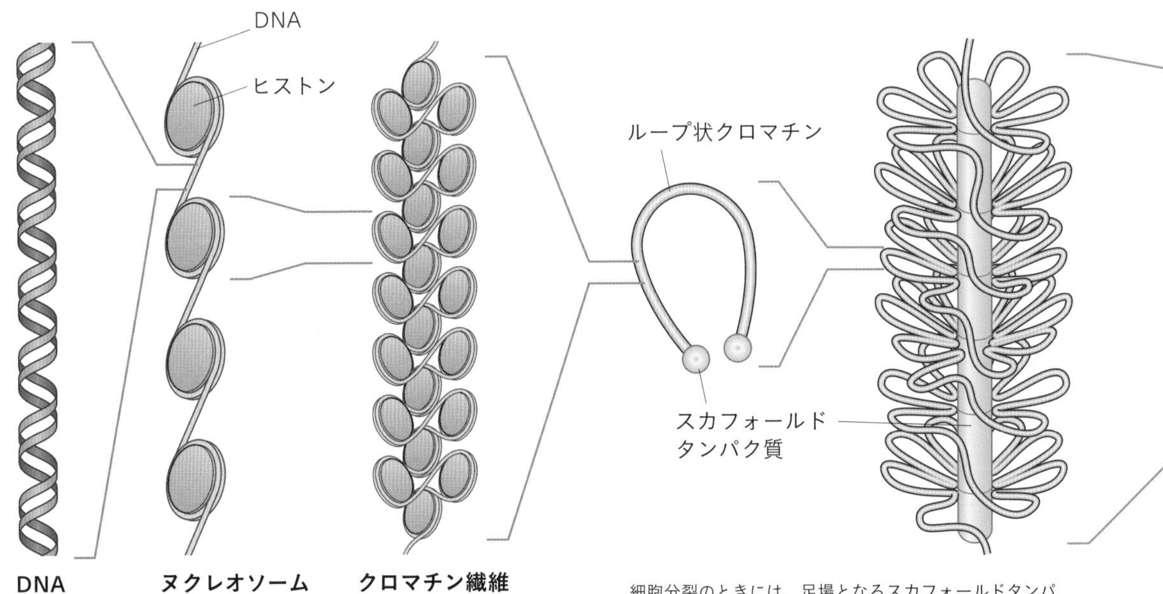

真核生物のDNAはヒストンというタンパク質に巻きついていて、この構造をヌクレオソームとよぶ。ヌクレオソームは折りたたまれてクロマチン繊維という構造をとる。

細胞分裂のときには、足場となるスカフォールドタンパク質によって、放射線状に平らに並んだロゼット構造という構造をとると考えられている（しかし、染色体の構造については現在でも議論は続いている）。

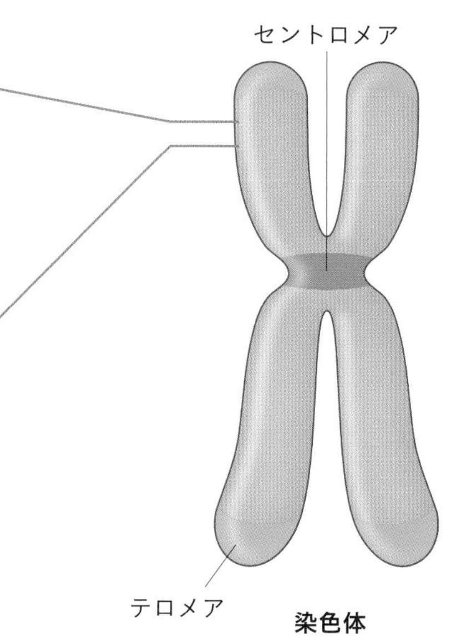

ここで少し「クロマチン」についても説明しておこう。DNAのとる構造が遺伝子のはたらきに影響を与えている、そのしくみをもっと知りたいと思ったときに基本となる言葉を知っておけば、よりスムーズに調べられるからだ。興味のない読者はもちろん読み飛ばしてかまわない。

DNAはヒストンというタンパク質に巻きついている。DNAの二重らせんは、ヒストンの周りを1.75回転している。このヒストンというタンパク質に巻かれたDNAの基本構造は、専門用語で「ヌクレオソーム」とよばれる。さらにこのヌクレオソームが集まって「クロマチン構造」をとる。そして、DNAメチル化によって引き起こされた、ヌクレオソームが絡まり合っているような凝集したクロマチン構造を「ヘテロクロマチン」とよぶ。CGでは、核の中に入ってすぐの場所で大量のヌクレオソームがみっちりと凝集するようすが描かれている。あれがヘテロクロマチンという状態だ。密集したヌクレオソームによって、読み取るタンパク質がうまくはたらくことができないような状況となっている。ヘテロクロマチンのような構造は、p.53の走査型電子顕微鏡の画像やp.57のCGでも示したように核の中でも外周部に比較的多いことが知られている。一方の中心部では、ひらけていてヌクレオソームの密度が低い場所があるのもわかる。こうした構造を「ユークロマチン」とよび、ユークロマチンでは遺伝子がさかんに読み取られていると考えられている。これらDNAの構造変化を制御しているメカニズムの一つがDNAメチル化であり、DNAやヒストンのメチル化などゲノムの配列変化によらない遺伝子制御がエピジェネティクスなのだ。こういったゲノムがとるクロマチン構造という大きな構造の違いが、たとえばDNAメチル化酵素阻害薬の入りやすさなどに関連しているのかもしれない。

DNAワールドから クロマチンワールドへ

エピジェネティクスは、がんなどの病気や私たちの体質に大きな影響を与えている。しかしそれだけではなく、地球生命の進化にすら関わっているかもしれないという。ゲノムの構造変化と遺伝子制御について東京大学教授の胡桃坂仁志博士が興味深い話を教えてくれた。
「エピジェネティクスとは、クロマチン構造の違いだよ。はっきりとそう思う」胡桃坂博士の話はその印象的な一言から始まった。そして、胡桃坂博士が続けて語った「クロマチンワールド」という新しい進化の概念は、実に刺激的で興味深いものであった。

地球上にいる全生命の祖先は、(さまざまな仮説はあるものの) まずRNAを遺伝情報として利用した生命が誕生して「RNAワールド」をつくり、その後にDNAを遺伝情報とする生命が誕生して「DNAワールド」に進化したというのが基本的に考えられている過程だ。そこへ胡桃坂博士は、RNAワールドからDNAワールドへ、さらにクロマチンワールドへというまったく新しい生命観を打ち出そうとしているという。

私たち地球上の生物は、みな同じ生命から誕生したと考えられている。その理由は、地球上のすべての生物がDNAを遺伝情報として利用し、すべての生物でそのしくみが共通しているからだ。では、生きものはどのように誕生したのか？　それについてはまだよくわかっていない。

有力な仮説は、生命はRNAワールドから誕生したというものだ。仮説では、地球に現れた最初期の生物はタンパク質もDNAもない中でRNAを遺伝情報として使い、酵素に頼らず自分自身でRNAを切ったり貼ったりして、自己増殖を行ったと考えられている。そもそも長い間、酵素のようなはたらきはタンパク質にしかできないものだと考えられてきた。ところが、

1981年に状況は一変した。酵素と同じように、RNAを切ったり貼ったりする「リボザイム」というRNAが発見されたのだ。その発見によって初期の生命はRNAを遺伝情報として利用し、自己複製するRNAワールドを構成していたという仮説が誕生した。しかし、RNAはとても弱く壊れやすい物質であるため、より安定した物

核の中に入ってすぐの場所では、ヌクレオソームがみっちりと凝集する「ヘテロクロマチン」の構造をとるDNAが比較的多い。

質が必要とされた。そして、安定した物質であるDNAが遺伝情報として使われるようになり、DNAワールドが誕生した。地球上の生物はみなDNAによるしくみを利用するようになったというものだ。

胡桃坂博士は、このRNAワールドからDNAワールドへという移行ののちに、さらに、細菌のように核をもたない原核生物から、私たちの細胞のような核をもつ真核生物が誕生した段階においてクロマチンワールドという新しいステージを獲得したのではないかと考えているという。それは、クロマチン構造の違いによって、単細胞生物から多細胞生物への進化や、植物や動物などさまざまな生きものになる

多様性が促されたという仮説だ。胡桃坂博士によると、クロマチン構造が遺伝物質としての機能を果たしていると考えられつつあるという。つまりDNAがとるクロマチン構造という三次元的な構造そのものが、DNAやRNAに匹敵する情報制御のしくみとして進化の段階で取り入れられたというものだ。生命誕生当時は単細胞だった生命が、クロマチン構造という新たな情報制御手段を手に入れたことで多細胞生物

核の中心部では、ヌクレオソームの密度が低い場所がある。こうした構造を「ユークロマチン」とよぶ。

となった。多細胞となった生命は、さらにクロマチン構造を利用して細胞同士の役割分担を行えるようになり、多種類の細胞で一つの身体をつくり上げることで多様性を手に入れた。胡桃坂博士はそのように考えている。

しかし、察しのよい読者の中には、RNAもDNAも遺伝物質として後世に伝達できるという機能をもっているが、クロマチン構造は次世代に引き継がれることはないのではないか。すると、しょせんはRNAやDNAとは"格が違う"のではないかと思う人もいるかもしれない。ところが現在、エピジェネティクスが次世代に引き継がれるという報告がいくつも集積されてきている。きっかけとなったのは、「疫学[1]」という学問分野の研究からだ。part 2ではその疫学の研究の舞台となった現場の一つ、スウェーデンのとある小さな村を訪れてみよう。

1: 個人ではなく人間の集団を対象として、病気などの健康に関することがらの発生原因や予防方法などを研究する学問。

focus on

“DNA スイッチ”は どうすれば 切り替わる？

1

自分の“DNAスイッチ”を切り替える方法は薬だけではない。食事や運動など、自分の日々の行動を変えることで“DNAスイッチ”を切り替えることもできるという。

スペインのナバーラ大学では地中海食とエピジェネティクスとの関係を調べる研究が行われている。地中海食とは、スペインやイタリアやギリシャなど地中海沿岸の国の伝統的な食事だ。被験者に地中海食の中心となるオリーブオイルとナッツを毎日食べてもらい、エピジェネティクスの変化を調べるという研究だ。被験者のゲノムを解析したところ、肥

地中海食の研究プロジェクトの中心メンバーの一人で、栄養生理学の専門家であるアルフレード・マルチネズ博士。

満や高血圧などメタボリックシンドロームの予防に関わるエピジェネティクスに変化が起きていたという。この研究プロジェクトの中心メンバーの一人で栄養生理学の専門家であるアルフレード・マルチネズ博士は、「スペイン人の場合[1]、オリーブオイルやナッツを食べ続けると、エピジェネティクスが変化して、健康によい効果をもたらすことが明らかになってきました。食事の内容やとり方を工夫することによってエピジェネティクスを改善するという方法が、病気の治療の一環として重要になってくるでしょう」と語る。

1: 日本人とスペイン人ではSNPや腸内細菌が異なる（p.83参照）ため、地中海食が日本人にも同様によい効果をもたらすかどうかはわからない。

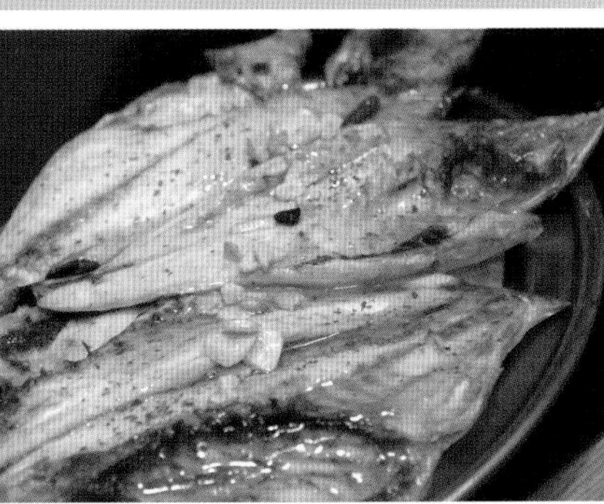

被験者はオリーブオイルとナッツを毎日食べる。すると肥満や高血圧などメタボリックシンドロームの予防に関わるエピジェネティクスに変化が起きた。

focus on

“DNA スイッチ”は どうすれば 切り替わる？ 2

　また、スウェーデンのカロリンスカ研究所で運動生理学を専門にしているカール・ヨハン・スンドベルグ博士はユニークな研究を行っている。それは、実験の参加者に軽い負荷をかけた持久運動を45分間、週4日行わせて、両足のエピジェネティクスの違いを調べるというものだ。この実験のポイントは、負荷をかけるのは必ず決められた片足のみであるという点。片足のみに負荷をかける理由は、同じ人の足同士を比べれば栄養やゲノムの状態などが揃っているため、運動から得られる変化だけを確認しやすいからだ。

　実験開始から3か月後に両足

カール・ヨハン・スンドベルグ博士は、運動とエピジェネティクスの関係を研究している。「運動をするとあなたの遺伝子のはたらきが変わり、健康効果をもたらします。そのプロセスにはエピジェネティクスが大きな役割を果たしているのです」

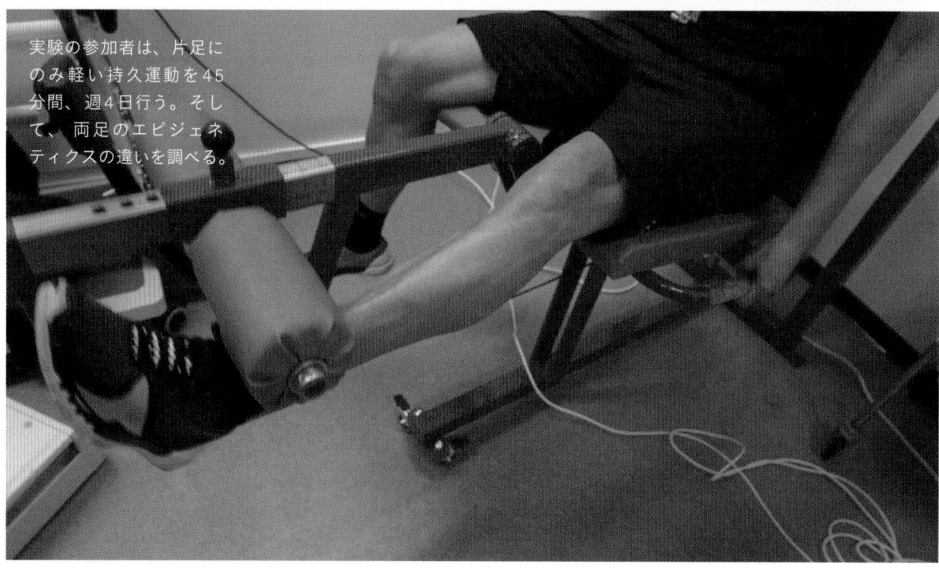

実験の参加者は、片足にのみ軽い持久運動を45分間、週4日行う。そして、両足のエピジェネティクスの違いを調べる。

のエピジェネティクスの違いを調べたところ、運動能力に関わるゲノムや糖尿病や心筋梗塞などさまざまな病気の予防に関わるゲノムなど、なんと5,000か所ものゲノムにメチル化の違いが生じていたという。「運動後の3〜12時間のうちにメチル化の変化は起こり、その後、24時間後にはほとんどがもとに戻ります。しかし、週に3〜4回運動しているうちに、週ごと、月ごとに変化のベースラインは上昇していくのです」とスンドベルグ博士は教えてくれた。ただし永遠にベースラインの上昇が起こるわけではなく、どこかで頭打ちになり、その後は安定するということだった。運動を定期的に継続することで、私たちの身体に安定的なエピジェネティクスの変化を起こすことができるのだ。

ほかにも、記憶力アップの方法としてランニングの効果が調査されている。脳の神経細胞を成長させる遺伝子の“DNAスイッチ”を、ランニングによってオンにすることができる可能性があるという。また、音楽能力アップには音楽をたくさん聴くことが挙げられている。聴覚に関わる神経伝達物質をつくる遺伝子の“DNAスイッチ”をオンにすることで、音色などを聞き分ける能力がアップすると考えられている。こうしたエピジェネティクスに関する研究はここ10年ほどで急増しており、研究者たちの関心が集まっている。

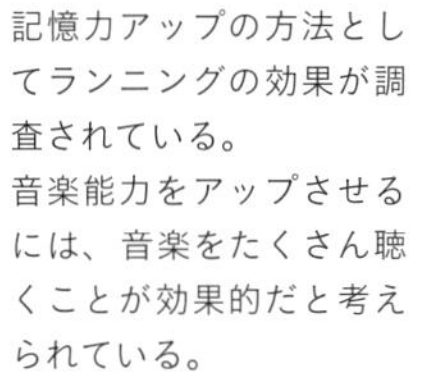

記憶力アップの方法としてランニングの効果が調査されている。
音楽能力をアップさせるには、音楽をたくさん聴くことが効果的だと考えられている。

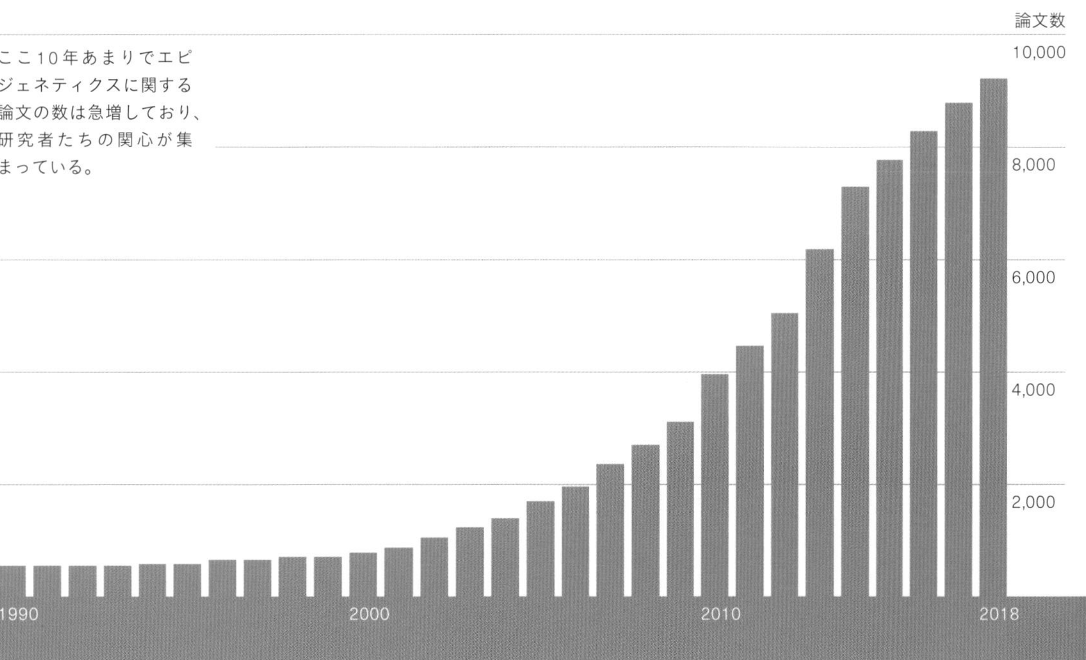

ここ10年あまりでエピジェネティクスに関する論文の数は急増しており、研究者たちの関心が集まっている。

part 2

受け継がれる“DNAスイッチ”

スウェーデン北部ノルボッテン州にあるエベルカーリクス村。
この村で謎の現象が起きた。
なぜかある時期にだけ、40～50代でメタボリックシンドロームが原因とみられる心筋梗塞や糖尿病を発症し、早死にする村人が相次いだ。

粉雪の舞う、まばらな針葉樹の森を越えて寒々とした村の墓場に向かうと、普通ならまだ元気に働いている年代で亡くなった人びとの墓石が連なっていた。

いったいこの村の人たちに何が起きたのだろうか。

彼らの死こそ、エピジェネティクスが後世に伝わることを示していた。

大豊作がもたらしたもの

　なぜエベルカーリクス村では若くして亡くなる人が続出したのか。この謎を解いたのは、スウェーデンのストックホルムにあるカロリンスカ研究所教授のラース・オロフ・ビグレン博士であった。

　エベルカーリクス村には、収穫高や村人たち

スウェーデン北部にあるエベルカーリクス村。北極圏に位置しており、長い間周囲から隔絶された土地であった。

の出産の状況・栄養状態・死因といった情報が記された何世代にもわたる貴重な記録が残されている。ビグレン博士がその記録をたどって見えてきたのは、とても意外な事実だった。40～50代という若さで亡くなった人たちには、ある1つの不思議な共通点があったという。

村の墓地には、40～50代という働き盛りの年代の人びとの墓石がいくつも見られる。

「早世した人びとの祖父の代が、大豊作を経験していたのです。つまり、祖父の代の経験が孫の代にまで影響を及ぼすという、とても興味深い現象が起きたようなのです」

ビグレン博士が村の記録を調べると、40～50代の若さで亡くなった人びとの祖父の代がちょうど思春期を迎えた頃、村に大豊作が起きていたことがわかった。大豊作の恩恵を受け、この時期に彼らの祖父たちは飽食の生活を送っていた。そしてなんと、この祖父の代に起きた飽食の経験が、孫の代の村人たちの病気に関わっているのだという。

エベルカーリクス村は北極圏に位置し、周囲から隔絶された土地であった。そのため、村の外から運ばれてくる食糧はほとんどなく、村の中で収穫される作物だけが村人たちの食糧のほぼすべて、という生活が何世代にもわたって続いていた。そのため、不作の年には村がたびたび飢餓に襲われたという記録も残されている。ところが、早世した人びとの祖父の代は10年に1度という非常にまれな豊作を経験していた。当時、収穫した作物は夏場を超えることができず、その年のうちに食べ尽くしてしまわな

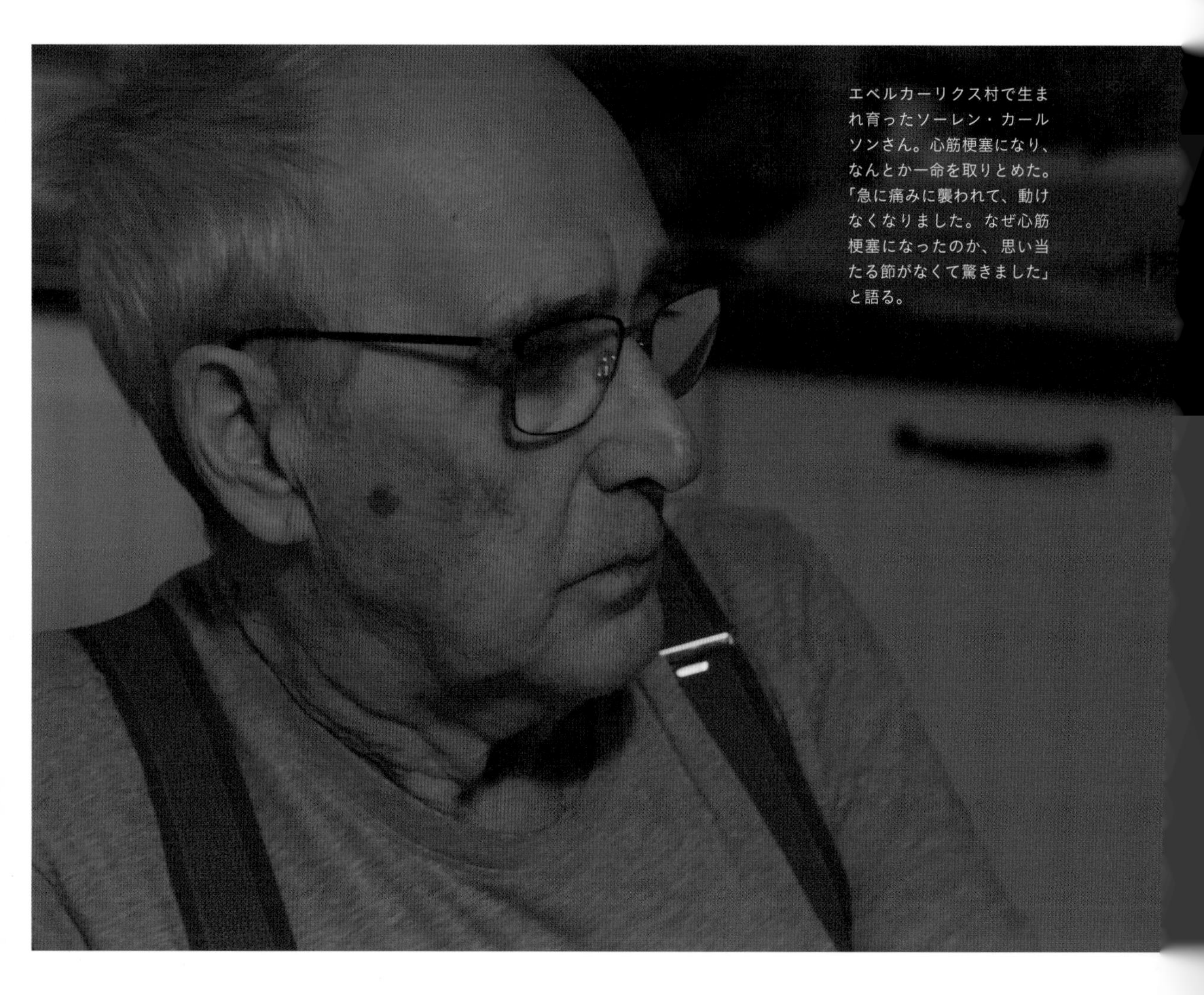

エベルカーリクス村で生まれ育ったソーレン・カールソンさん。心筋梗塞になり、なんとか一命を取りとめた。「急に痛みに襲われて、動けなくなりました。なぜ心筋梗塞になったのか、思い当たる節がなくて驚きました」と語る。

ければならなかったため、彼らの祖父は例年にない飽食を経験することになった。思春期の早期、まさに最も食欲が旺盛な10～11歳の時期に飽食の生活を送ったとみられる。しかも、豊作は2年続いた。本人たちにとっては、さぞかし幸せな日々だったことだろう。ところが、そのあおりを受けることになったのは孫たちの世代だった。祖父が経験した飽食によって、孫は心臓病にかかるだけでなく、糖尿病のリスクも4倍近くに跳ね上がることになった。ビグレン博士の調査結果によれば、祖父が大豊作を経験した孫たちは平均して15年ほど寿命が短かったという。

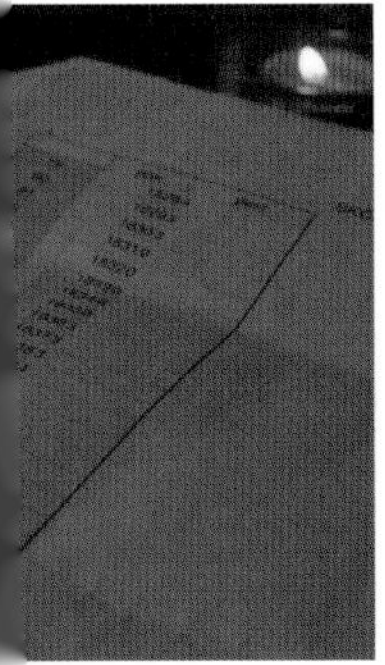

エベルカーリクス村には、収穫高や村人たちの出産の状況・栄養状態・死因などについての何世代にもわたる記録が残されている。

カロリンスカ研究所教授のラース・オロフ・ビグレン博士は、村に残されていた記録をもとに調査を行った。その結果、若くして亡くなった人の祖父の代が大豊作を経験していたことを明らかにした。

祖父の栄養状態が
子や孫に影響を与える

栄養状態の影響が世代を超えて伝わるということを証明するマウスの実験もある。まず、あるマウスに高カロリーのエサを与え、体脂肪率が通常のおよそ1.2倍の肥満体質に育てる。次にそのマウスの子どもには、通常のカロリーのエサを与える。すると、子ども世代のマウスは通常のエサで育てたにも関わらず、体脂肪率がおよそ1.7倍にまで増加した。さらに孫の代のマウスも、通常のエサでおよそ1.2倍にまで体脂肪率が増加した。つまり祖父の代で食べ過ぎると、その子どもや孫の代は、ごく普通の食事をしただけでもなぜか太ってしまう肥満体質に変化することがわかったのだ。ここに、エピジェネティクスというしくみが関わっていることが明らかになってきている。

これまでの科学界の常識では、生まれた後にどのような経験をしても、ゲノムそのものが変わることはないため、次の世代にその経験が受け継がれることはないとされてきた。また、生物は経験によってさまざまなエピジェネティクス・マークを得るが、このエピジェネティクス・マークについても、精子や卵子のもとがつくられる段階で一度きれいに消去され、さらに精子と卵子が受精して受精卵になった後にも再度大がかりなメチル化の消去と再構築が行われるということが知られている。こうしてエピジェネティクスの変化はほぼすべてリセットされるため、後天的に獲得した性質や体質(獲得形質)が、子どもに遺伝することはありえないと考えられてきた。エピジェネティクスの最も重要なはたらきとは、まだ何ものでもない1つの受精卵が、皮膚や神経といった多様な役割の細胞たちに分化していくためのしくみであることだ(p.185参照)。したがって、何ものでもない受精卵の状態のときは、エピジェネティクス・マークが取り除かれた状態であると考えられてきたのだ。

ところが、ビグレン博士が報告した調査結果はこうした科学界の常識とかけ離れたものだった。「エベルカーリクス村で起きた、祖父の代の飽食が孫の代にまで影響を及ぼすという現象。これが事実であれば、長い間教科書でも否定されていた『獲得形質の遺伝』が起きたということになります。私にもにわかには信じがたい不思議な研究結果でしたが、疫学的には確かにそのような現象が見い出されたのです」しかし論文はなかなか受け入れられず、注目もされず、せつない思いをしたとビグレン博士は当時のことを語ってくれた。

ビグレン博士が世代を超えた栄養状態と病気との関連性の研究を始めた1980年代は、自分一代で獲得した性質や体質が次世代に継承されることはないと考えられていた時代だ。どんなに一生懸命に努力をし続けても、逆に放蕩三昧に暮らそうとも、すべては自分一代限りにしか影響せず、自分が経験したさまざまな環境からもたらされるメチル化のようなエピジェネティクス・マークは、次の世代には一切関与

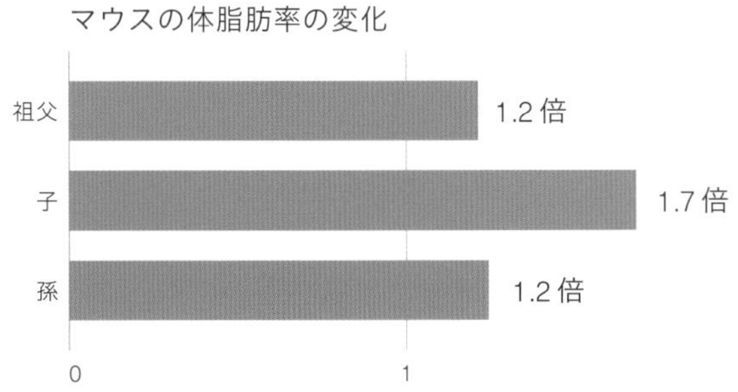

マウスの実験では、高カロリーのエサを与えて肥満になったマウスの子や孫は、通常のカロリーのエサを食べているだけでも肥満になることが明らかになっている。
なお、こうした実験ではゲノムの違いによって実験結果が左右されないように、ゲノム配列を一致させたマウスが利用される。この研究では、同じゲノム配列をもつマウス同士を比較し、エサのカロリーによって子や孫に影響が出ることを示した。
(Tod Fullston, et al, Paternal obesity initiates metabolic disturbances in two generations of mice with incomplete penetrance to the F2 generation and alters the transcriptional profile of testis and sperm microRNA content. THE FASEB JOURNAL, 2016)

エベルカーリクス村での研究結果は、ビグレン博士自身にとってもにわかには信じがたいものだったという。

することはない。この考え方は長らく科学界で強固に支持されていたものであり、獲得形質の遺伝がありうるということは、生物学に関わる者にとってそう簡単に受け入れがたいものがある。この裏側には、長い時間をかけて醸成されてきた歴史的な背景がある。少し寄り道になるが、この背景について述べておこう。

ラマルクの用不用説における説明

キリンの祖先は首が短かった。

高いところの葉を食べるために子どもの頃から首を伸ばし続けることで、少し首の長い大人になる。

長くなった首のキリンが子を生むと、その獲得形質が受け継がれ、少しだけ首の長い子どもが生まれる。これをくり返して、次第にキリンの首は長くなった。

獲得形質の遺伝をめぐる歴史

獲得形質の遺伝という説をいち早く提唱したのは、19世紀のフランス人科学者ジャン＝バティスト・ラマルクである。彼が掲げた「用不用説」という進化論は、「ラマルキズム」とよばれた。用不用説とは、よく使う器官が世代を重ねるごとに発達し、使わないところは衰えていくという説である。つまり、個体の努力によって形質が獲得されることが、進化の推進力になるという考え方だ。

この用不用説で、もの笑いの種として語り継がれてきたのは、次のようなキリンの首の例だ。もともとキリンは短い首の動物であった。このキリンが、子どもの頃から高いところの葉を食べるために首を伸ばし続けることで、大人になる頃には首が多少長くなる。長くなった首のキリンが子を生むと、その獲得形質がわずかに受け継がれ、少しだけ長い首の子どもが生まれる。こうした営みを長い期間繰り返した結果、キリンの首は長くなったというものだ。このキリンの首理論は、20世紀の大学での生物学の講義では必ずといってよいほど登場し、「ありえない話ですね」と苦笑いされてきた。

そのラマルキズムの引き合いとしていつも出されてきたのは、「ダーウィニズム」である。ダーウィニズムとは、イギリスの自然科学者であるチャールズ・ダーウィンが打ち出した「自然選択説」という進化論だ。基本的に親は自分自身が遺伝されたものしか子どもに受け継がせることはできず、厳しい自然環境における生き残り競争の中で、突然変異が選別されること

ダーウィンの自然選択説における説明

キリンの祖先に、突然変異によって偶然首が少し長いキリンが生まれる。

首の長いキリンは高いところの葉を食べるのに適していたため、生き残りに有利だった。

首の長いキリンが多くの子を残し、さらにその子どもの中でも、より首の長いキリンが多くの子を残す。これをくり返すことで、種内に首が長くなる形質が広がっていった。

で進化に方向性が生まれるという考え方である。つまり、突然変異によって偶然生じた形質が、生きていくために有利であればその個体は多くの子を残し、その結果としてどのように進化するかが決まっていくということだ。現代まで定説とされてきたのは、ダーウィニズムの考え方である。

用不用説を唱えたラマルクはほかの学者たちから激しく批判され名誉を失い、晩年は不遇のうちにこの世を去った。その後、何度かラマルキズムは復活の烽火を上げたこともあったが、結末は暗く悲劇的なものが多い。たとえば、その一つはウィーンの科学者パウル・カンメラーだ。カンメラーはサンバガエルやサンショウウオを使って獲得形質が世代を超えること

19世紀のフランス人科学者ジャン=バティスト・ラマルク。彼が掲げた「用不用説」という進化論はラマルキズムとよばれた。

19世紀のイギリス人科学者チャールズ・ダーウィンは、「自然選択説」という進化論を提唱した。自然選択説はダーウィニズムとよばれる。

を証明したと主張し、一世を風靡(ふうび)した。しかし、のちにねつ造を疑われ、事実無根を訴えてピストル自殺した。45歳、1926年のことだ。

また、ソビエトのトロフィム・ルイセンコも有名だ。ルイセンコは、今では春化処理として知られる、植物の種などを一定期間低温にさらすことによって秋まきの植物を春まきの植物に変える方法を発見したとされている。ラマルクを信奉していたルイセンコは、春化処理を施すことで植物の遺伝性を変化させることができると考え、何代にもわたって春化処理を重ねていくとさらにその形質は強化されると主張した。努力は必ず報われるという考え方と獲得形質の遺伝には親和性があったため、社会主義のイデオロギーと結びつくことになった。小作人だったルイセンコはソビエトで高い地位を得て、獲得形質の遺伝を背景にしたという農法を次々と打ち出したが、その結果ソビエトの農民数百万人が餓死することとなった。

このように、ラマルキズムに関する歴史は暗い影を引きずっており、この説に触れることはタブー視さえされてきた。しかし近年、エピジェネティクスを介した獲得形質の遺伝を示す研究がいくつも報告され始め、この論争が再度熱を帯びつつある。その中で現代科学が映し出し始めている生物進化の姿は、ダーウィニズムも、獲得形質が遺伝するというラマルキズムの考え方も、そのどちらもが進化に貢献するというものだ。第1集で取り上げたSNP（一塩基多型）は、比較的長い時間をかけてダーウィニズムの理論で広がっていく。そして、この第2集で取り上げているエピジェネティクスを介した獲得形質の遺伝は、ラマルクの理論に近い。ゲノムの塩基配列そのものを変えることはないが、遺伝子のはたらきを変え、短期的な進化をもたらす。エピジェネティクスはラマルキズムの分子メカニズムと考えられる（ただしゲノムがエピジェネティクスを支配しているのではないかという議論も続いている）。こうした生物進化の姿が、ここ5～10年ほどの研究によって徐々に明らかになりつつある。

2つの進化論が相互に乗り合う例としては、こんなものが提案されている。ダーウィニズムの重要な進化のしくみの一つに「性選択」が挙げられる。多くの場合、卵子という限られた資源をもつメスが、特徴のあるオスを選ぶことで、そのオスのもつ特徴が集団全体に広がっていき、進化をドライブするというメカニズムだ。エピジェネティクスは環境における生きやすさを速やかに変化させ、精子を通して次世代にそれを橋渡しし、進化のドライブに貢献するという報告がある。

ではその肝心の獲得形質自体はいったいどのような分子的なメカニズムで次世代に伝わっているのだろうか。その一つの答えとも言える研究が、日本の研究室から報告されている。

獲得形質遺伝のメカニズム

獲得形質の遺伝を証明した画期的な研究が、ここ日本で行われている。理化学研究所上席研究員、石井俊輔博士の研究室だ。石井博士の研究ではすでに2011年の段階で、ショウジョウバエに熱ショックなどのストレスを与えたときに、それが子どもの代へ伝わることが証明されている。そのメカニズムを紹介しよう。

発生の初期段階には細胞分裂がつきものだ。その分裂時、染色体というかたちをとったときに、「セントロメア」とよばれる部分がある。このセントロメアは、細胞が分裂して増える際に、分裂した2つの細胞（娘細胞）にきちんとゲノムを分配するために重要な場所で、2倍に複製された染色体同士をつなぎ止めている部分でもある。セントロメアは、分裂に備える以外は読み取りもあまり行われず、セントロメアの付近はヘテロクロマチンの領域（p.157参照）であることが知られている。つまりゲノムが凝集されていて、読み取りにくい場所になっているのだ。

ショウジョウバエの遺伝学では、このヘテロクロマチン構造がきちんと維持されているかどうかをモニターする方法が確立されている。ショウジョウバエのDNAには、眼を赤くする色素を合成する「*white*（ホワイト）遺伝子」というややこしい名前の遺伝子がある。通常ショウジョウバエの眼は赤色だが、それはこの*white*遺伝子が読み取られて、赤い色素が合成されているからだ。ところが、ショウジョウバエの中には白眼になる系統が存在する。白眼になる系統のショウジョウバエの*white*遺伝子は、ゲノムが絡まり合うように存在するヘテロクロマ

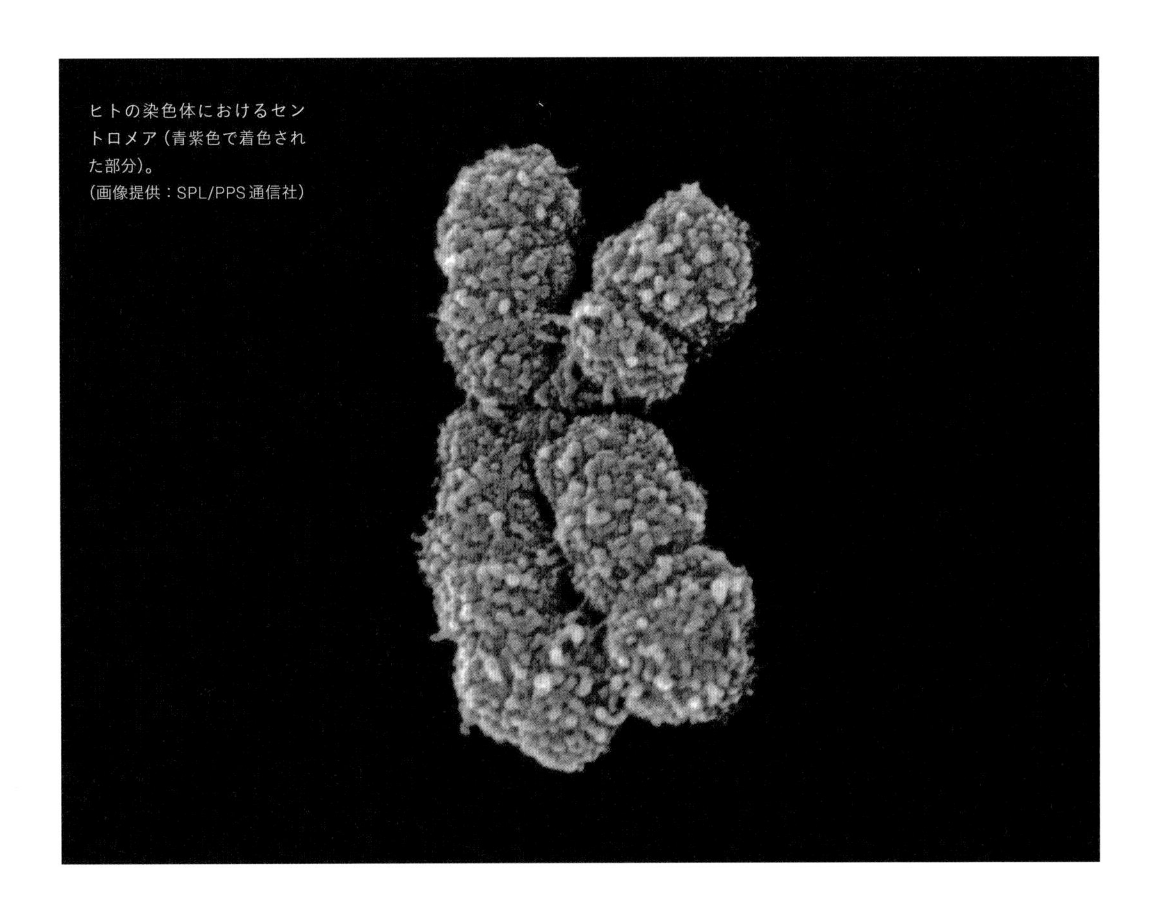
ヒトの染色体におけるセントロメア（青紫色で着色された部分）。
（画像提供：SPL/PPS通信社）

チンの領域にある。そのため、読み取りがなされず、赤い色素を合成することができないために白眼になる。石井博士らのグループは、この白眼になる系統のショウジョウバエに熱ショックなどのストレスを与えると、赤眼のショウジョウバエが生まれることを発見した。つまり、ショウジョウバエのDNAのヘテロクロマチン構造が壊れ、*white* 遺伝子がはたらき始めていることを意味する。

ではなぜヘテロクロマチン構造が壊れたのか？　その鍵となるものこそが、石井博士らが発見した「ATF2」というタンパク質である。通常、このタンパク質がゲノムに結合することでヘテロクロマチン構造を維持している。そこにストレスが加わるとATF2は結合していたゲノムから離脱してしまい、その結果、ヘテロクロマチン構造が壊れて *white* 遺伝子の読み取りが始まるという。

さらに重要なことは、ストレスがなくなったとしても、ヘテロクロマチン構造はもとには戻らなかったということだ。第1世代だけに熱ショックを与えると、子どもでは影響が出るが、孫の世代では影響がなかった。しかし、第1世代と子どもの世代の2世代にわたって熱ショックを与えると、その影響は孫とひ孫の世代にまで及ぶことが証明された。ここから予想されることは、ストレスの強さや頻度によって、子どもや孫への影響が変わってくるということだ。石井博士が精力的に研究を進めているATF2というタンパク質や、似た構造をもつ同じグループのタンパク質は、ストレスとエピジェネティクスの関係を考える上でとても興味深い。今では熱ショックだけではなく、感染や栄養状態、さらに精神的なストレスなど、多くのストレス反応にATF2グループのタンパク質が関係することがわかってきている。

石井博士らがショウジョウバエのエピジェネティクスが子や孫に伝わることを証明したちょうど同じ頃、マサチューセッツ工科大学のベンジャミン・カローネ博士らは、低タンパク質の餌でマウスを育てると肝臓の遺伝子のはたらく発現パターンが変わっていることを報告した。同じ頃、オーストラリアの研究グループが、ラットの父親に高脂肪食を与えると、子どものラットに遺伝子発現パターンの変化と膵臓の異常が出ることを科学雑誌『Nature』に報告した。現状、メカニズムについては2つの可能性が考えられ、世界中で研究されていると

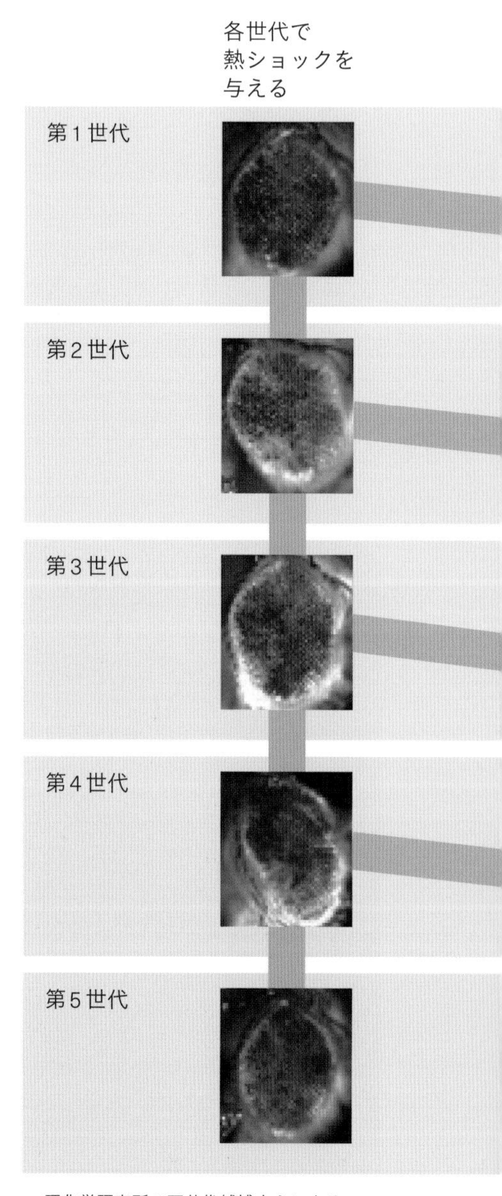

理化学研究所の石井俊輔博士らによる、ショウジョウバエの眼の色の遺伝に関する実験。白眼になる系統のショウジョウバエに熱ショックを与えると、赤眼の子どもが生まれる。
※写真はショウジョウバエの眼の様子

いう。「一つはDNAやヒストンのメチル化などの化学修飾、もう一つは父方の生殖細胞にRNAが入り込み、これが受精卵の中に入って遺伝子の発現を変える。2つのメカニズムが考えられています」と石井博士が教えてくれた。どちらの説が有力なのかと尋ねると、「おそらく、どちらもおきているんじゃないでしょうか」という答えが返ってきた。

獲得形質の遺伝がいったい何によって引き起こされているのかという根幹のメカニズムについては、まだ決着がついていない。そのため科学者の間には、獲得形質の遺伝があると断定するのは行き過ぎていると考える人もいる。しかし今、このメカニズムの解明をすべく世界中の研究者がしのぎを削っていることだけはまぎれもない事実だ。

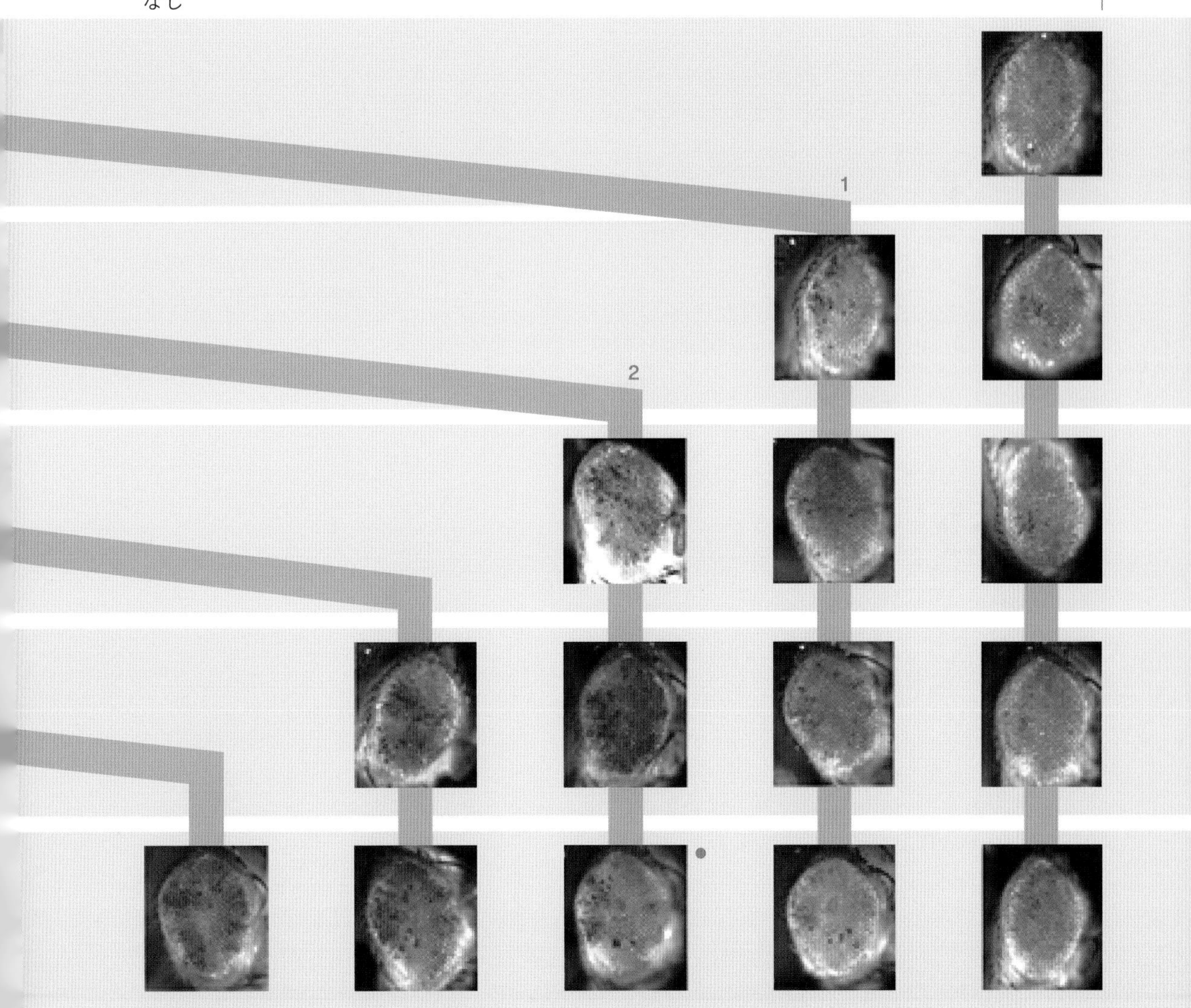

1：1つの世代だけに熱ショックを与えた場合、子どもは赤眼になるが孫には遺伝しない。
2：しかし2世代にわたって熱ショックを与えた場合は、子どもだけでなく孫まで赤眼になった。さらにその次の世代（●）にも赤眼が出ていることから、その影響は何世代にもわたって遺伝する可能性がある。
（画像提供：理化学研究所）

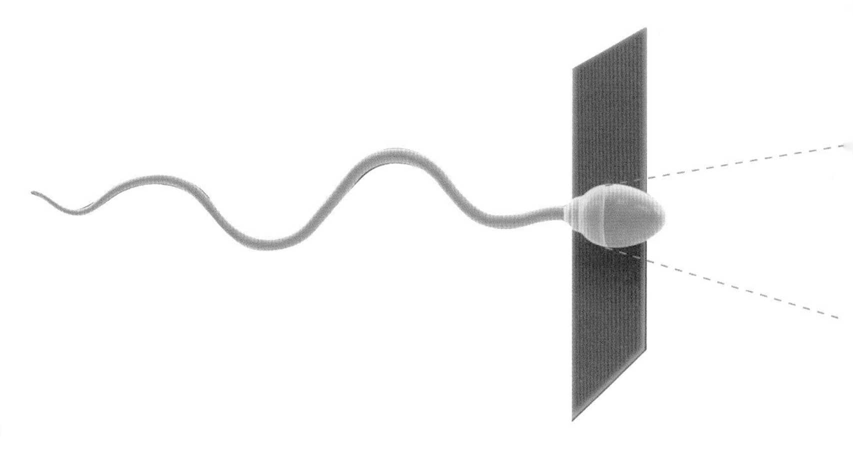

精子によって伝えられる獲得形質

さてここからは、エピジェネティクスを介した獲得形質の遺伝が現在ヒトではどのように研究されているのか、その最前線を紹介していこう。

デンマーク・コペンハーゲン大学教授のロマン・バレス博士は、ライフスタイル因子（たとえば運動や栄養といったもの）が次の世代にどのような影響を与えるかをテーマとした研究を行っている。そしてその研究の材料として選んだのが精子だ。精子は身体を傷つけることなく採取でき、なおかつ大量に得られる（人にもよるが1ccの精液の中に1億匹くらいの精子が含まれている）ため、こうした研究に最適な材料なのだ。

「私たちが精子に関心があるのは、精子が父親からのメッセージを次の世代に伝えるからであり、またそこには次の世代を肥満になりやすい傾向へと変えるシグナルが含まれていると考えているからです」

バレス博士は、エベルカーリクス村の例のように、祖父の栄養状態が子や孫に影響を与えるケースがあるという事実をもとにして1つの仮説を立てた。

デンマークにあるコペンハーゲン大学教授のロマン・バレス博士は、精子に含まれるDNAのエピジェネティクスを解析し、運動や栄養などのライフスタイル因子が次の世代にどのような影響を与えるかを研究している。

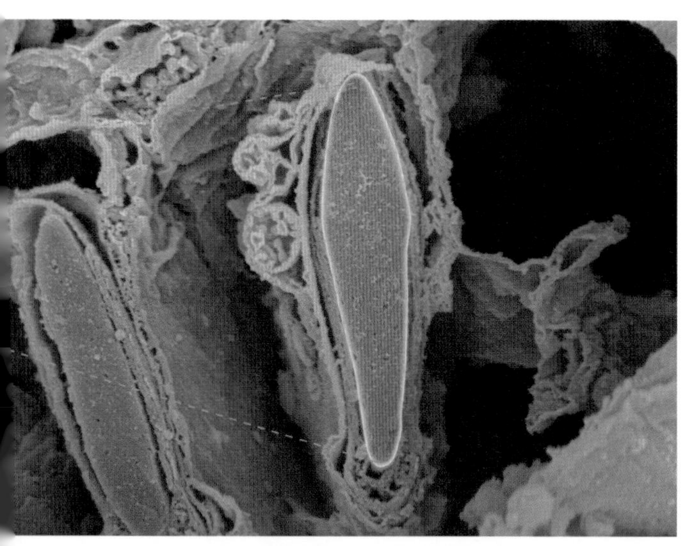

精子の頭部の断面図。精子の頭部にはDNAが詰め込まれている。
（画像提供：旭川医科大学准教授・甲賀大輔博士／日立ハイテク）

その仮説とはこうだ。エベルカーリクス村では、祖父の代が飽食を経験したことで、一時的に太りやすい状態になるように“DNAスイッチ”が切り替わった。その“DNAスイッチ”の状態は精子によって運ばれ、子どもに伝えられる。さらに同様に、子どもから孫にも受け継がれた。そしてこのように世代を超えて受け継がれた“DNAスイッチ”の状態は変化しにくくなってしまい、太りやすい状態が維持され、一生の体質を決定づけてしまうのではないか。

2015年にバレス博士らが発表した研究論文では、肥満男性（平均BMI[1] 31.8）と痩身男性（平均BMI 22.9）たちから精子を採取し、精子ゲノムの特徴的な違いが調べられた。また肥満男性が痩せるために脂肪切除手術をする前と後での精子の状態の比較が行われた。その結果、肥満男性と痩身男性との間には精子ゲノムの状態に相違があること、とくにその相違はDNAメチル化パターンと精子に含まれるRNAの断片において大きな差が表れることがわかった。また驚くことに、脂肪切除手術によっても食欲中枢に関連するゲノム領域の精子DNAメチル化が著しく変化していることも判明した。バレス博士らは、脂肪切除手術のような、食生活や運動習慣とは無関係の極端な体重減少でも精子ゲノムの情報が変化したことから、精子ゲノムの「ランドスケープ（p.185参照）」が動的であり、環境からの影響を受けやすいものだと考えている。

エベルカーリクス村では、祖父の代が飽食を経験したことで、一時的に太りやすい状態になるように“DNAスイッチ”が切り替わった。

1: 体格指数（BMI）は身長と体重から割り出せる体格を示す値。BMI＝体重（kg）÷［身長（m）］^{2}で計算され、標準値は22でこの値が統計的に最も病気にかかりにくいとされている。

その太りやすくなる“DNAスイッチ”の
状態は精子によって運ばれ、子どもに
伝えられた。

同様に、子どもから孫にも精子で太り
やすくなる“DNAスイッチ”の状態が伝
えられる。世代を超えて受け継がれた
“DNAスイッチ”の状態は変化しにくく
なり、一生の体質を決定づけてしまう。

2種類の遺伝子

バレス博士の研究では、肥満男性と痩身男性の間には9,081個の“DNAスイッチ”において、その状態に差があることが判明した。とくに脳と代謝の大きく2種類、「*BDNF*（脳由来神経成長因子）遺伝子」や「*NPY*（神経ペプチドY）遺伝子」などの中枢神経系で機能する遺伝子と、脂肪量や代謝と関連する「*FTO*遺伝子」などの遺伝子との間でメチル化されたDNAの差が見られたという。「興味深いのは、それらの遺伝子が脳の発達に重要な遺伝子だったり、肥満などの病気に関連していたり、また、統合失調症など行動的な病気に関連する遺伝子だったりするということなのです。そういった遺伝子は、環境による影響をとくに受けやすいといえるかもしれません」とバレス博士は言う。

生物は基本的に食べなければ生きていけない。脳は食べ物を得ようとする行動の司令塔であり、代謝は食べ物をエネルギーに変換する機能である。こう考えれば、生物の進化がこの2つに対して環境からの影響を臨機応変に受けられるようにしているのも納得しやすいかもしれない。食べ物をうまく手に入れてエネルギーに変換できなければ生きていくことはできず、進化の過程でそこに選択がかかったということは容易に想像できる。

バレス博士はこうも述べている。「ホモ・サピエンスは、過去の世代が経験した環境ストレスに応じて脳の機能を修正できる能力を獲得したとも考えられます。これは、ヒトという生きものが環境に適応するためには、骨格筋を使って速く走って捕食者から逃げたりするよりも、脳が司る認知能力を使った方がより有効であったからなのかもしれません」

生き延びるために、代謝と脳に関しては環境からの影響を敏感に感じ取れるようにしておく必要があった。そしてそれを臨機応変に次世代に伝える担い手が、精子だったというわけだ。

focus on

ランドスケープ

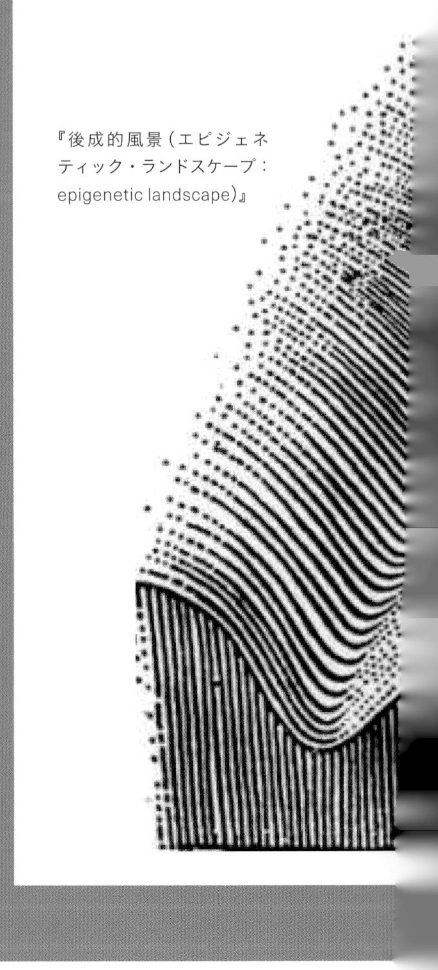

『後成的風景（エピジェネティック・ランドスケープ：epigenetic landscape）』

生物学、中でも発生学で時おり登場する有名な一枚のイラストがある。このイラストの重要性を教えてくれたのは基礎生物学研究所教授の藤森俊彦博士だ。

「『後成的風景（エピジェネティック・ランドスケープ：epigenetic landscape）』といって、イギリスの発生学者コンラッド・ウォディントンが提唱した概念を表すイラストですよ」

そう言って取り出されたのは、谷と丘のあるモノクロのイラストだった。丘の上からビー玉が転がり落ち、最終的に行き着く場所がその細胞の運命。つまりどの細胞になるかが決まるということを示しているという。丘の高さや谷の形状はさまざまな遺伝子や環境に影響を受けることを表す。そして、谷を転がり落ちたビー玉は再び丘に上がることはできないと長く生物学者の間では信じられてきた。

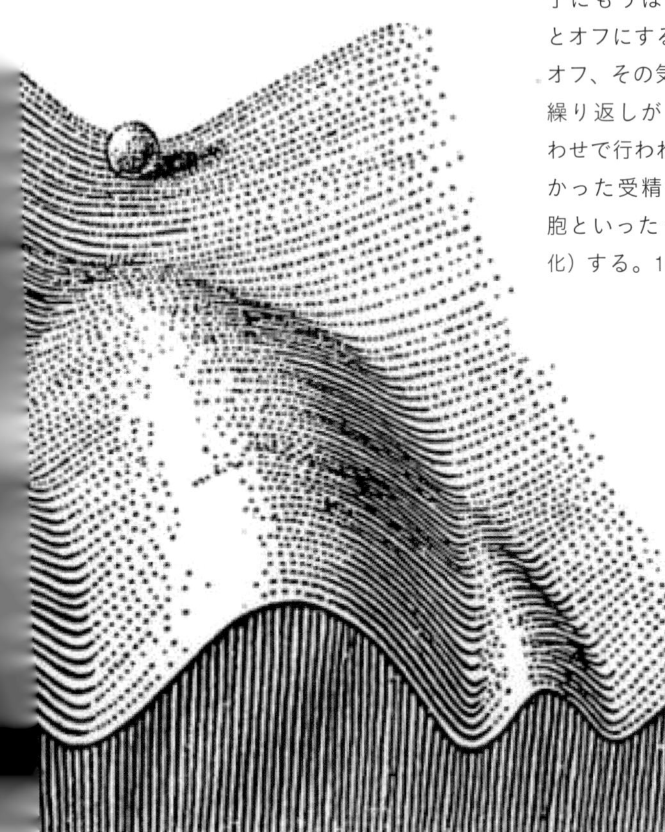

受精卵からヒトになるまでは気の遠くなるような過程が繰り返される。1つの遺伝子がはたらき始める、つまりオンになると、それによってできたタンパク質が別の遺伝子をはたらくよう促してオンにする。すると次のタンパク質は、ある遺伝子をオンにする一方で別の遺伝子にもうはたらかなくていいとオフにする。遺伝子のオンとオフ、その気の遠くなるような繰り返しがさまざまな組み合わせで行われて、何ものでもなかった受精卵がやっと神経細胞といった1つの細胞変化（分化）する。1個の受精卵である時点から方向性をもってその過程を進むため、決してもとに戻ることはできないと考えられてきたのだ。

ランドスケープの概念を打ち壊した重要な発見は、京都大学教授の山中伸弥博士のiPS細胞であり、それに先んじたジョン・ガードンのカエルの実験だった。谷底に行き着いたビー玉を丘の上に戻してみせるという、まさに教科書の定説を覆したのが彼らの研究だった。ビー玉、つまり成長後の細胞がもついわば細胞の記憶であるエピジェネティクス・マークを消し去り、さまざまな組織や臓器にふたたび分化できる無垢な状態へ戻すことができるという発見だったのだ。ランドスケープのビー玉は逆再生のように転がってきた坂を上り、出発点にほぼ近いところまで戻ることができるということを2つの研究は示していた。

バレス博士が述べていた精子ゲノムのランドスケープが動的だというのは、絵にみられるうねりが常に波うっているようなものかもしれない。まるで海の波のように、環境からの風や雨、地殻変動の影響を受けて、波は自在にかたちを変える。第1集で紹介した「Male-driven evolution（雄が進化を駆動する）」という言葉、まさにその姿を示している。精子ゲノムは環境に対するしなやかな柔軟性と力強さをもち合わせているのだ。

“精子トレーニング”で子どもの運命を変える？

こうした精子の特性を利用し、バレス博士はある実験を行っている。それはいわば、“精子トレーニング”ともよべる実験だ。

バレス博士の研究室を訪れると、若い男性たちが懸命にサイクリングマシンを漕いでいる。彼らはこれから子どもをつくりたいと考えている男性たちだ。子どもをつくる前のほんのわずかな期間だけ、自転車を漕ぐといった有酸素運動を毎日1時間、6週間にわたって続ける。ダイエットによって肥満を改善し、自分の“DNAスイッチ”を健康な状態に切り替えて、それを生まれてくるわが子に受け継がせようというのだ。

運動についてのこの研究でも精子が見事に反応することがわかっている。バレス博士は、男性たちが6週間の持久力トレーニングをする間の精子DNAのメチル化状態の変化を調べた。その結果、トレーニング後にメチル化状態が変化すること、さらにトレーニングを止めるとすぐにもとの状態に戻ってしまうことが確認された。問題は運動で生じた変化、その領域だ。研究結果では、肥満で脂肪切除手術を行った男性と同様に、脳機能に関する領域での変化が見られたのだ。

精子や卵子のもとができる発育期には、そうした生殖に関わる細胞はエピジェネティクス・マーク全体の消去、ほぼ全的消去を経験する。しかし、いくつかの遺伝子については、この再プログラミング（リプログラミング）を避けることが知られている。

「DNAのメチル化が細胞の特色を決めているということはすでにわかっています。ですから細胞が特殊化されるほど、つまり分化が進むほど、特定のDNAのメチル化が細胞に起こることになる。そのため、受精の最中もしくは受精卵が発育していく中で、それがどのような細胞

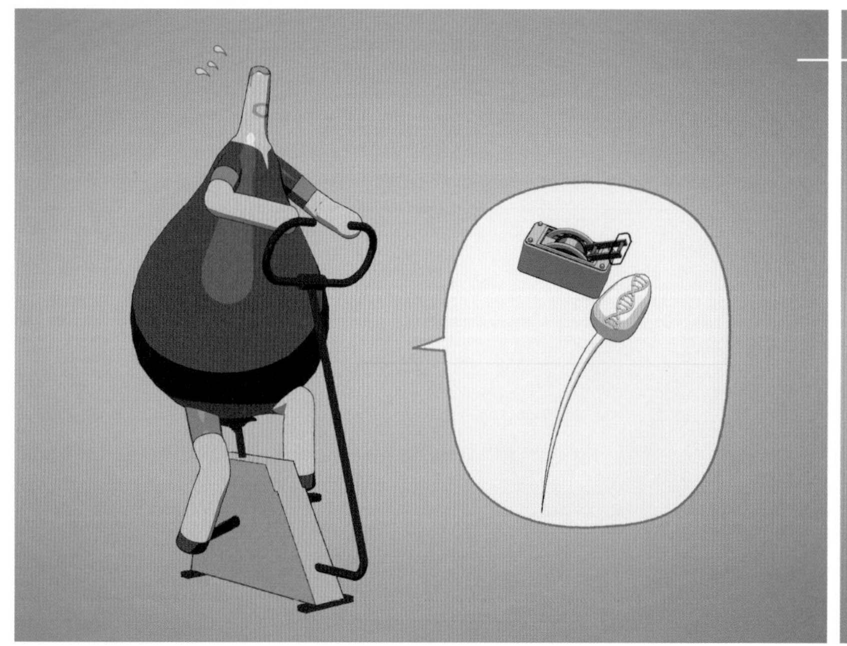

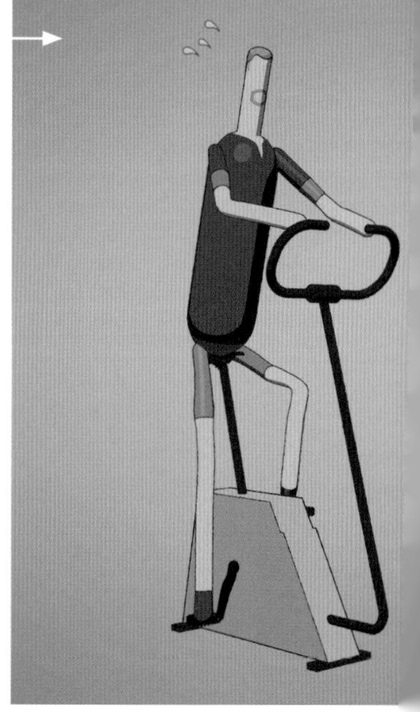

バレス博士の実験。若い男性たちが子どもをつくる前のほんのわずかな期間だけ、自転車を漕ぐといった有酸素運動を毎日1時間、6週間続けることで肥満を改善し、自分の“DNAスイッチ”を健康な状態になるように切り替える。

にもなれるように、DNAのメチル化はとても低い状態にリセットされます。しかし、まったくのゼロになるわけではないのです。いくつかのものは再プログラミングの過程、DNAメチル化の消去をすり抜けて進んでいきます」とバレス博士は言う。

受精もしくは受精卵の発育過程で、エピジェネティクス・マークの消去を逃れる遺伝子としてよく知られているのは「ゲノム刷り込み(インプリンティング)」とよばれるものだ。2本ある染色体のうち、片方の親から受け継いだ遺伝子だけが発現されるようにコントロールされている。胎盤形成に関わる*PEG10*遺伝子(p.117参照)もそうしたインプリンティング遺伝子の1つだ。母親もしくは父親から発現するよう刷り込みされ、再プログラミングを避けた遺伝子がほかにもあることが発見されたのだとバレス博士は述べている。

バレス博士の研究室では、"精子トレーニング"ともよべる実験が行われている。若い男性たちが自分の"DNAスイッチ"を健康な状態に切り替えようとダイエットに励んでいる。

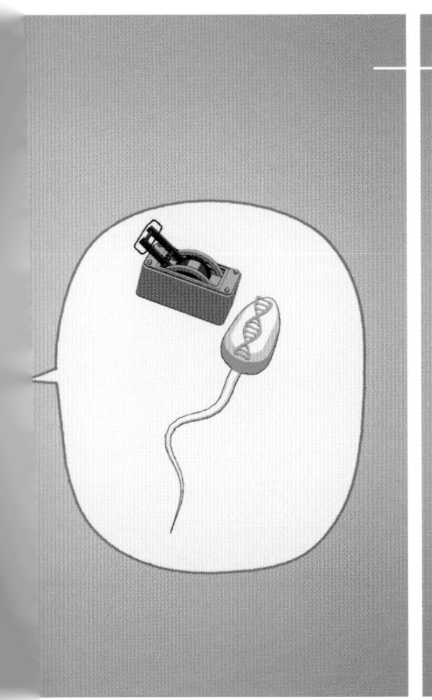

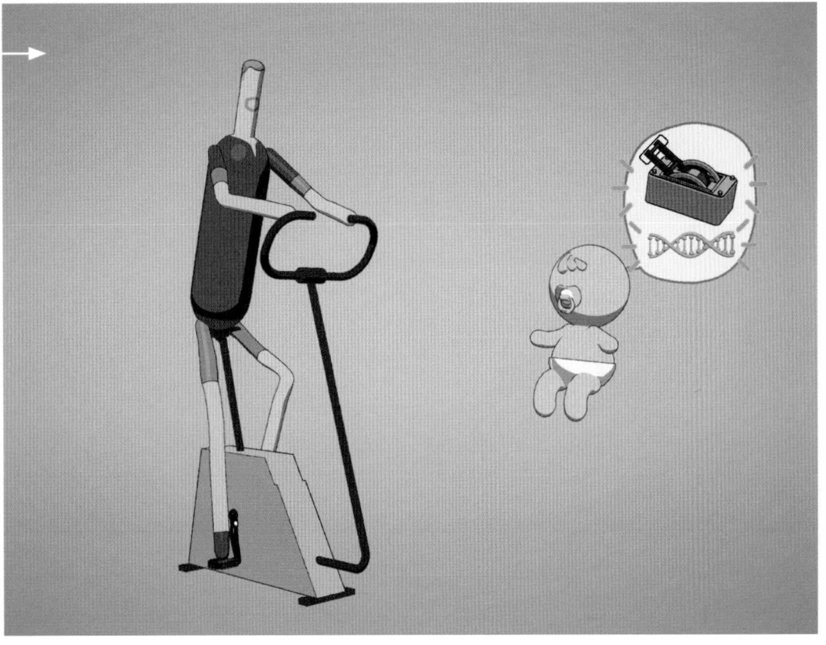

そして、切り替わった"DNAスイッチ"の状態を生まれてくるわが子に受け継がせようというものだ。

精子がエピジェネティクスの変化を背負う場所

それにしても、いったい精子は、精子のもととなる細胞から精子になるまでの間のどの段階で、子どもに受け継ぐためのスイッチの変化を背負うのだろうか？　この点についてバレス博士は、「精子のもととなる細胞の段階だと考えるには、実験開始の時点からエピジェネティクスに変化が生じるまでの期間が短すぎます。ですから、実験結果から考えられる可能性としては、ほとんど成熟しきった精子が精巣上体を進んでいく中で、遺伝子のスイッチに変化を及ぼすようなステップを経ているのではないかと考えています」と答えてくれた。

バレス博士の言葉をもう少しくわしく説明しよう。まず精子は、精子のもととなる「精母細胞」という細胞からつくられる。この精母細胞から精子ができるまでの期間は、ヒトではお

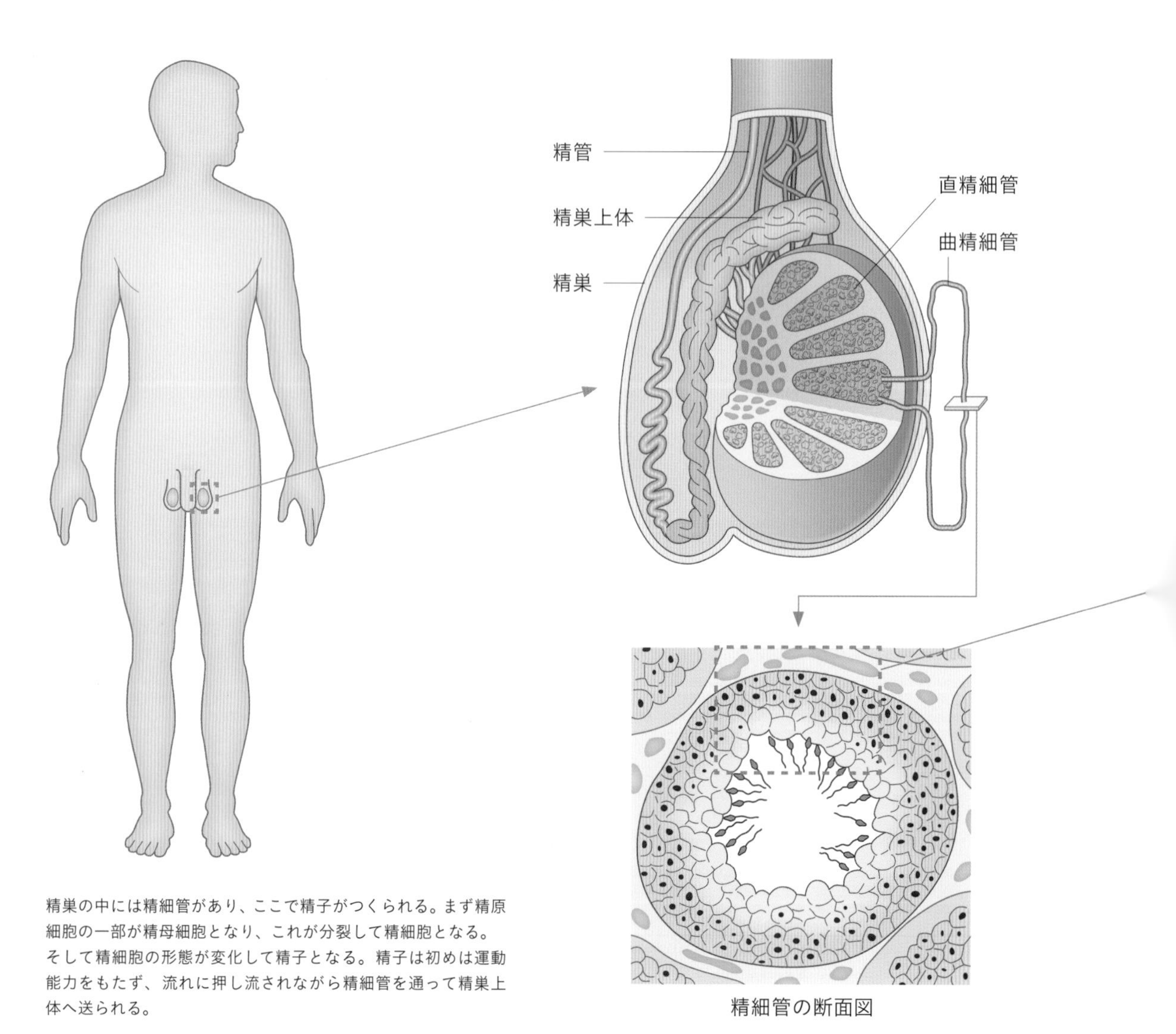

精巣の中には精細管があり、ここで精子がつくられる。まず精原細胞の一部が精母細胞となり、これが分裂して精細胞となる。そして精細胞の形態が変化して精子となる。精子は初めは運動能力をもたず、流れに押し流されながら精細管を通って精巣上体へ送られる。

精細管の断面図

よそ74日と報告されている。精母細胞は、精巣の中に折りたたまれている「曲精細管[1]」という管の中にあって、この段階ではまだしっぽ（鞭毛という）は生じておらず、おまんじゅうのような丸い姿で曲精細管のふちにはりついている。これらが時間をかけて分裂・変形し、精子のかたちになるまで成長を続ける。精子の母のような役割をもつ「セルトリ細胞」が精子のもととなる細胞を抱きかかえ、栄養を与え、かたちを整えるという世話をして精子の成長を支える。成長した精子はセルトリ細胞の手を離れるが、液体を泳ぐ運動性をまだもたないため、精細管の中心部の流れに押し流されながら「精巣上体」という場所へと進む。精子が成熟するのはこの精巣上体だ。精巣上体を通っている間に運動能力と受精能力を獲得する。こうして完

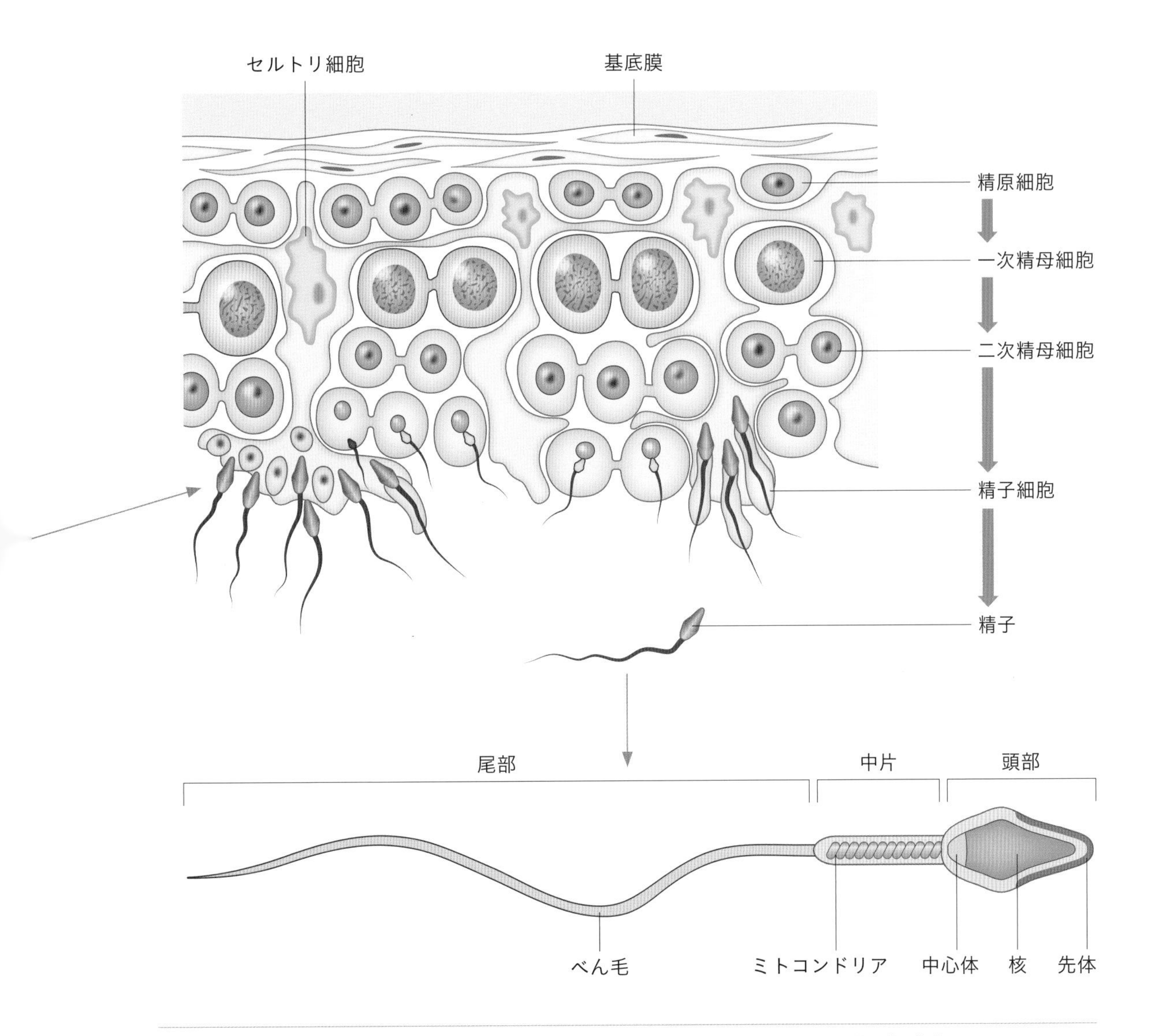

1: 精細管には、まっすぐな直精細管と折れ曲がっている曲精細管がある。精子がつくられるのは曲精細管の部分。

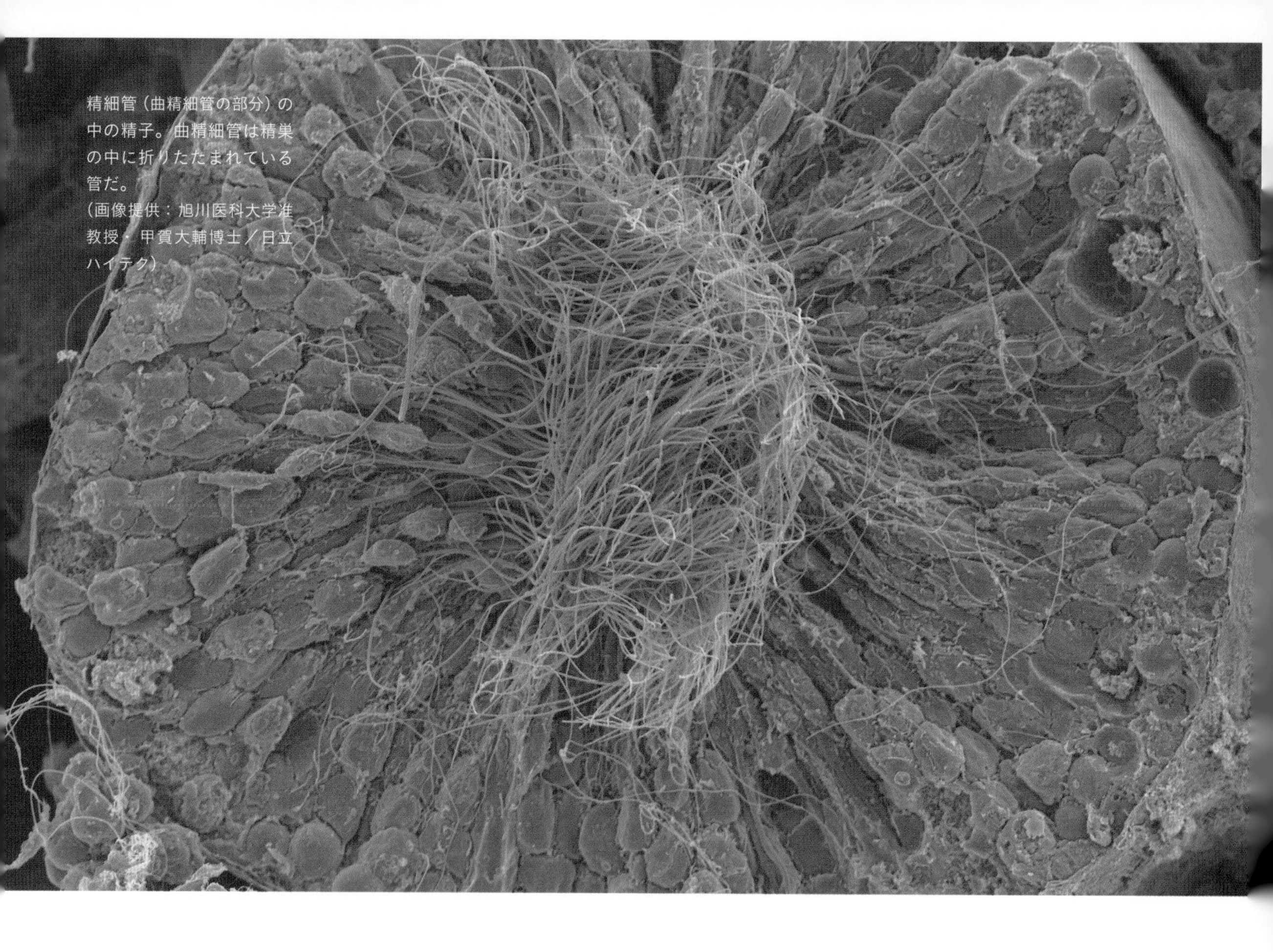
精細管（曲精細管の部分）の中の精子。曲精細管は精巣の中に折りたたまれている管だ。
（画像提供：旭川医科大学准教授・甲賀大輔博士／日立ハイテク）

全に成熟した精子は、精巣上体の一部で貯蔵され、射精の時を待つ。バレス博士は、この精子の道場ともいえる精巣上体で、おそらくエピジェネティクスに変化を及ぼすステップが起きているのだろうと予測しているのだ。

“精子トレーニング”を受けている男性たちは、自分の子どもの健康を願って日々トレーニングに励んでいる。「父親になる日に備えて、自分の生活を見直していきたいと思います」「頑張りがいがあります。自分の努力で子どもの健康によい影響を与えられるなら、やる気も増しますね」と明るく話していた。

どうしたら次の世代によい影響を与えることができるのか——バレス博士は、私たちはそのことを考えなければならない段階に入っているのかもしれないと語る。私たちの体の中には、自分の運命だけでなく子孫の運命を左右するしくみが秘められているのだ。

実験に参加する男性たちは、自分の“DNAスイッチ”を健康な状態に切り替えて子どもに受け継がせたいとトレーニングに励んでいる。「頑張りがいがあります。自分の努力で子どもの健康によい影響を与えられるなら、やる気も増しますね」

focus on

恐怖の経験が遺伝する

エピジェネティクスが受け継がれることについて、こんな驚きの報告もある。それは「恐怖の経験が遺伝する」というものだ。

この研究では、あるにおいをマウスに嗅がせた後に、軽い電気ショックを与えてこわい経験をさせることを繰り返した。するとマウスは、あらかじめ危険が起こることを察知するために嗅覚に関わる“DNAスイッチ”が変化し、においを嗅いだだけでこわがるようになる。その“DNAスイッチ”の変化が子や孫にまで引き継がれて、同じにおいを少し嗅いだだけでもこわがるようになったという。

これも、危険に関する情報を子孫に伝え、少しでも生存を有利にするためのしくみなのだろう。はるか昔、文字も言葉もない時代から、私たちは“DNAスイッチ”を介して子孫へのメッセージを残してきたということなのだろうか。

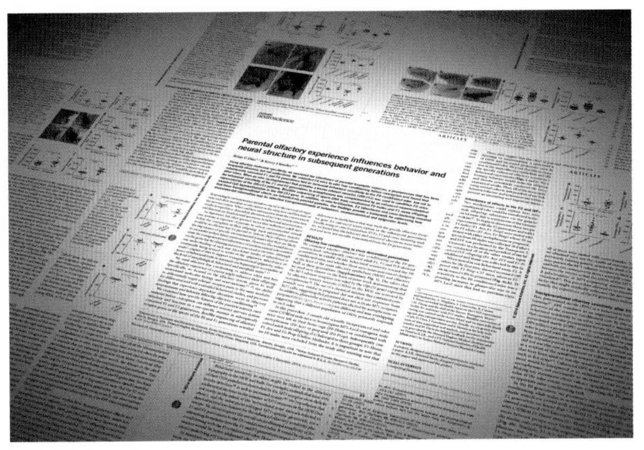
Parental olfactory experience influences behavior and neural structure in subsequent generations

2013年にアメリカで発表された論文。マウスを用いた実験で、親の嗅覚経験が子どもに与える影響について述べられている。

1
マウスにあるにおいを嗅がせてから軽い電気ショックを与えるということを繰り返し経験させる。

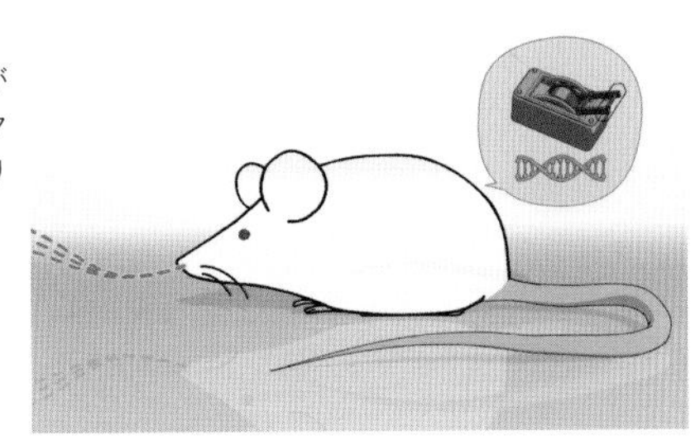

2
すると、マウスの嗅覚に関わる“DNAスイッチ”が変化し、そのにおいをかいだだけでこわがるようになる。その経験がエピジェネティクスの変化となって伝えられ、子どもや孫のマウスも同じにおいをこわがるようになるという。

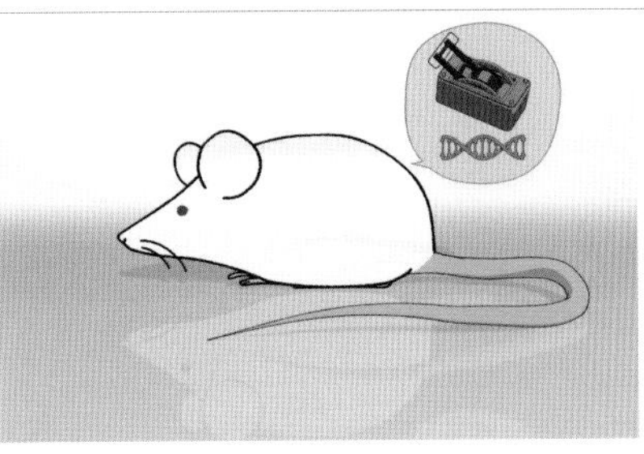

(Brian G Dias, et al: Parental olfactory experience influences behavior and neural structure in subsequent generations. Nature Neuroscience 17: 89-96,2013)

part 3

未来を生き抜くための切り札

人類はこれまで悠久の歳月をかけて自らのゲノムを変化させることで、
さまざまな環境に適応し、世界中へ進出してきた。

エピジェネティクスという短期的に変化できるしくみを用いながらも、
多くの場合は気の遠くなるほどの長い時間が私たちの適応を支えてきたのだ。

しかし私たち人類は、ついに時の裁定を受けることなしに
ゲノムを好きなように変化させる術(すべ)を手にした。
この新たな技術は医療や食糧問題、環境問題をも解決し、
明るい未来を用意してくれるかにみえる。

——次に目指すのは、宇宙だ。

ゲノムを自由に改変する生物工学は、私たちの進化にとって
どのような役割を果たすのだろうか。
この時代を生き、未来を見据える切り札とは何か。

双子の宇宙兄弟が背負ったミッション

2015年3月28日、カザフスタン・バイコヌール宇宙基地から宇宙船ソユーズが飛び立った。ソユーズには3人の宇宙飛行士が乗っていた。ゲナディ・パダルカ、ミカエル・コニエンコ、そしてスコット・ケリー。コニエンコ氏とスコット氏の2人は、その日から約1年間(340日間)、国際宇宙ステーション(ISS)に滞在することになる。これはアメリカ人として最長の宇宙滞在記録だ。

スコット氏はある特別な任務を背負っていた。それは、宇宙という環境が人体にどのような影響を与えるのかを明らかにするというミッションだ。実はスコット氏には、マーク・ケリーという同じく宇宙飛行士の一卵性双生児の兄がいる。双子の「宇宙兄弟」というわけだ。宇宙兄弟の弟であるスコットは宇宙に滞在し、兄のマークは地球で暮らす。このミッションは、スコット氏が地球に帰ってきた後に二人の身体の状態を比較し、宇宙環境が人体に与える影響を調べようという試みだ。

なぜ一卵性双生児であるケリー兄弟が選ばれたのか？　宇宙環境が人体に与える影響を調べるのならば、一人の人間で宇宙に行く前と後の変化を調べればよいのではないかと思われるかもしれない。しかし、一人の人間の変化では、それが加齢によるものなのか宇宙環境によるものなのかを判別することは難しい。たとえばケリー兄弟は1964年生まれで、中高年に

スコット氏は、ISS滞在中に研究サンプルとして自分の血液を採取し続けた。(画像提供：NASA)

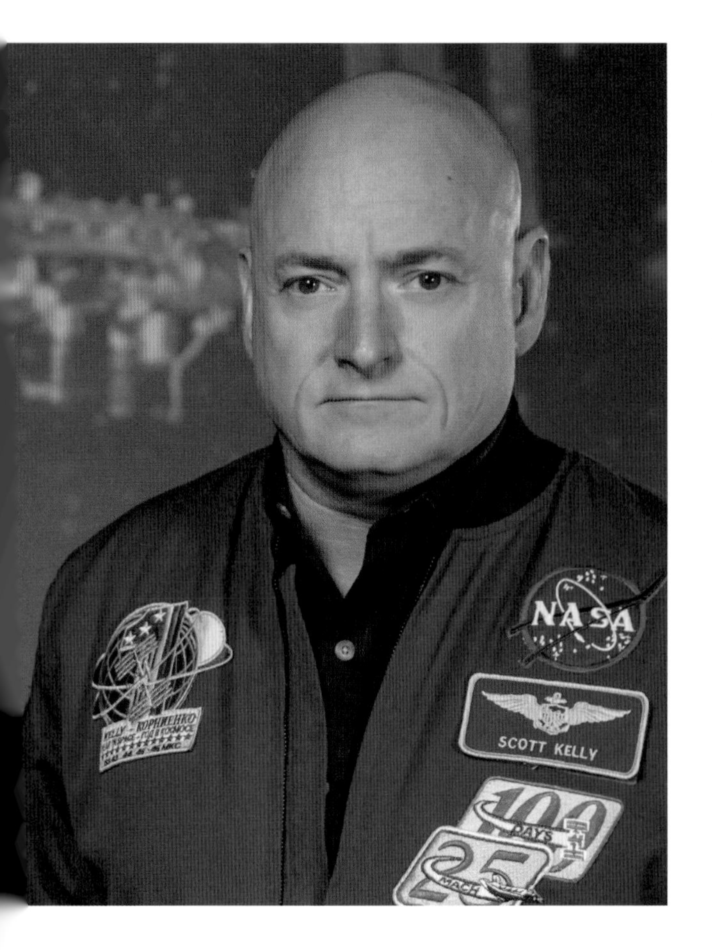

スコット・ケリー氏（右）と、その一卵性双生児の兄で同じく宇宙飛行士のマーク・ケリー氏（左）。（画像提供：NASA）

さしかかっている年代だ。一般的には身体が一層の成熟、あるいは衰えへと舵を切っている時期である。そのため、加齢による変化と宇宙環境による変化を区別するために、一卵性双生児であることが重要になってくるのだ。とくに一卵性双生児であれば同じゲノム配列をもつため、ゲノムに起きた変化を調べるには最適だ。兄弟二人の間に生じた違いを調べていくことで、宇宙で起きた変化だけをあぶり出すことができる。

「一卵性双生児の双子の宇宙飛行士のDNAを比べるのは、NASAにとっても史上初のケースです。私と兄を比較して得られるデータに大きな期待が寄せられました」と、スコット氏は当時のことを語った。

この研究のために、ケリー兄弟は二人で合計183もの血液サンプルを提供した。血液以外にも尿や便など285もの検体が集められ、10の研究チーム、84名の研究者が参加して研究が進められた。この規模の大きさからも、一大プロジェクトであることがわかるだろう。ケリー兄弟に関する研究成果は、2019年4月に科学雑誌『Science』に研究結果が報告されている。これを皮切りとして、これからも断続的に発表がなされていく予定だ。

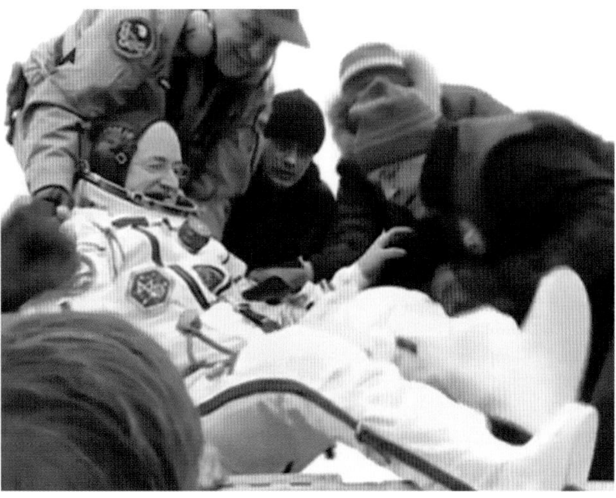

2015年3月28日に宇宙に飛び立った宇宙飛行士のスコット・ケリー氏は、340日間のISS滞在ののち、2016年3月1日に地球に帰還した。（画像提供：NASA）

未知の環境で起きた変化

このビッグプロジェクトの中でエピジェネティクス分野の研究を率いていたのが、アメリカのウェイル・コーネル医科大学准教授のクリストファー・メイソン博士である。ヒトが宇宙に出たとき、ゲノムはいったいどのように変化するのか。メイソン博士がケリー兄弟のDNAを詳細に調べて見えてきたのは、遺伝子のはたらきの劇的な変化だった。スコット氏がISSに滞在していた340日間のうちに、9,000以上の“DNAスイッチ”の状態が変化し、これらスイッチの変化によっておよそ1,700個の遺伝子のはたらきが変化したという。中でもメイソン博士がとくに注目したのは、遺伝子修復と免疫に関わる変化だ。

宇宙では、磁場のバリアがある地球上よりも強い放射線が降り注ぐ。高い放射線量にあたると、DNAに傷がつき身体に害を引き起こすことがある。ISSに滞在していたスコット氏の染色体では、放射線にあたった量に比例して染色体の逆位の頻度が高くなっていた。染色体の逆位とは、染色体の一部がちぎれて、180度回転して結合しているものを指す。染色体の逆位が起こると、ゲノムの構造が変化することになるため、エピジェネティクスに影響を及ぼす。スコット氏の例ではないが、たとえば3番染色体の逆位とある種のがんの発症が関連しているという報告もある。こうしたDNAの損傷にあらがうように、それを修復するための“DNAスイッチ”がオンになるように変化していたというのだ。「遺伝子及びエピジェネティクスの情報から、身体がせっせとDNAを修復しようとする姿が見て取れました」そうメイソン博士は教えてくれた。

ウェイル・コーネル医科大学のクリストファー・メイソン博士。ケリー兄弟に関する研究プロジェクトのエピジェネティクス分野における責任者である。

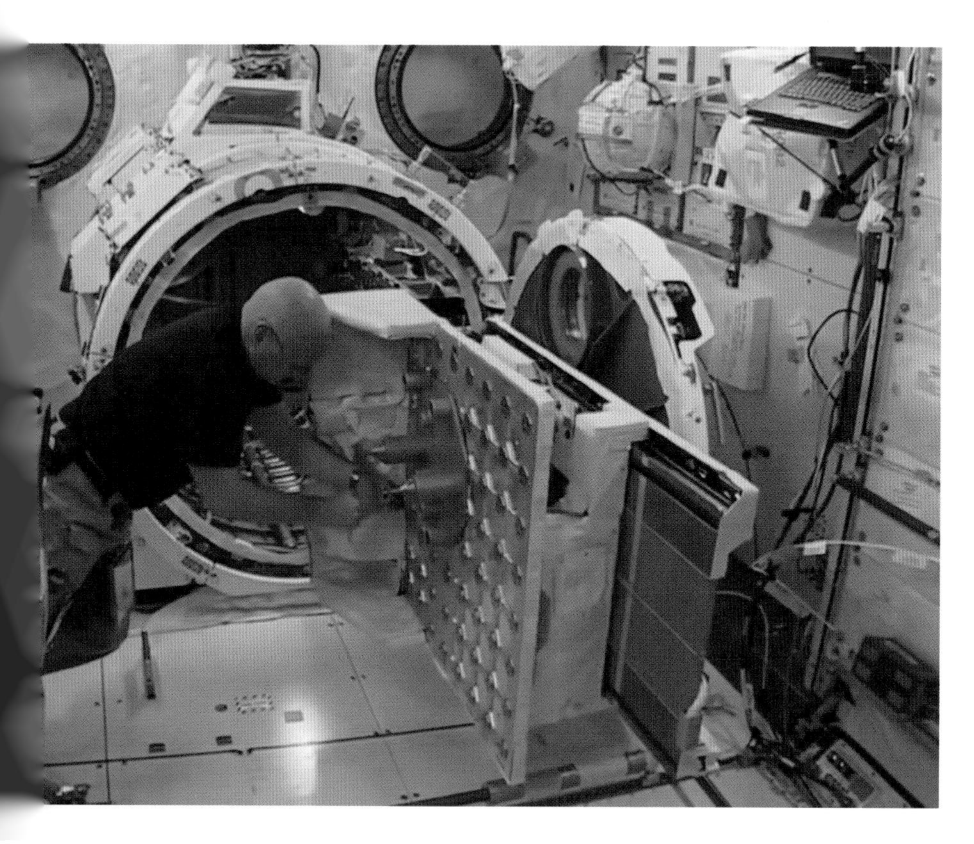

宇宙では地上よりも強い放射線が降り注ぐため、DNAに傷がつきやすく、がんなどのリスクが増す。また、無重力状態では骨がしだいにもろくなるなど、人体はさまざまな影響を受ける。
（画像提供：NASA）

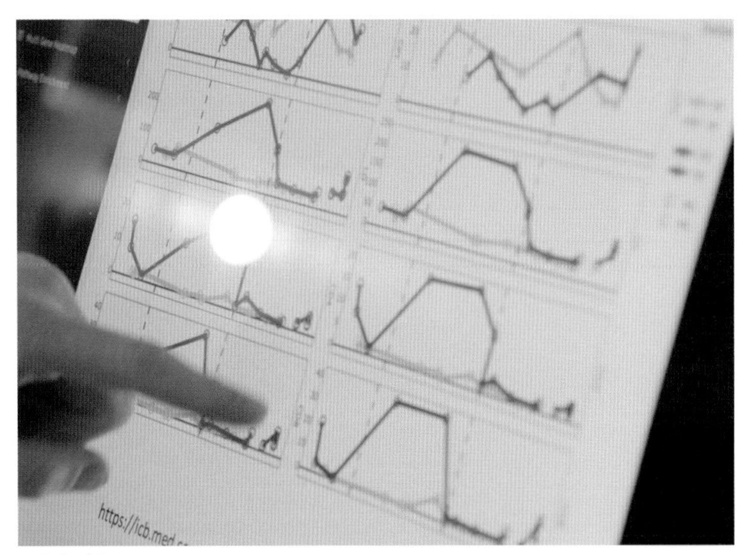

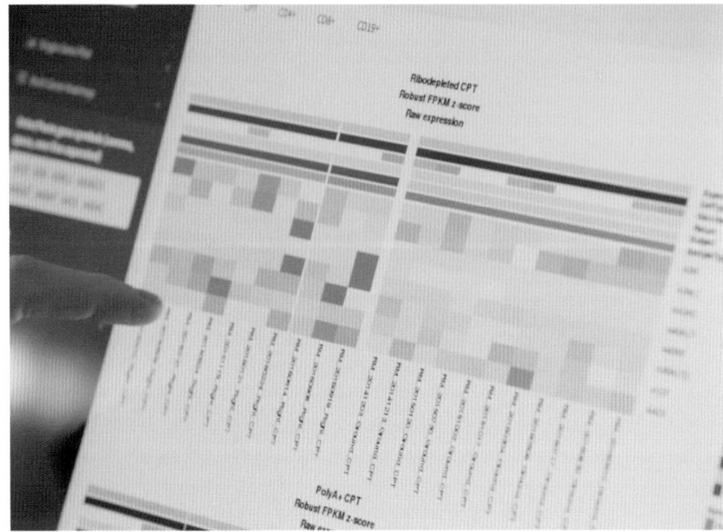

メイソン博士の分析から、スコット・ケリー氏が宇宙に行く前と後で、9,000もの“DNAスイッチ”の状態が変化していたことがわかった。

一方、免疫に関わる変化が起きたのはメイソン博士にとっては意外であったという。ISSは人びとが出入りするのでまったくの無菌状態とは言えないが、宇宙飛行士は健康管理がしっかりとなされているため、感染症にかかる心配はあまりない。それにも関わらず、免疫に関するエピジェネティクスが大きく変化していたのだ。メイソン博士によると、これは人体が無

スコット・ケリー氏は「想像以上に人間の身体は賢いようです。"DNAスイッチ"を切り替えることで、まったく新しい環境に適応できるのです」と語る。

重力で生じるさまざまな変化を外部からの攻撃のようなものとみなし、免疫システムによって対抗しようとしていると考えられるという。

また、無重力状態ではしだいに骨がもろくなっていくため、これを防ぐために骨形成に関わる遺伝子のエピジェネティクスにも変化が見つかっている。ほかにも、低酸素環境に関係する遺伝子など、宇宙環境に対応するための多くの遺伝子のはたらきが変化している。こうした遺伝子のエピジェネティクスが同時に変化することは、地球上では決して起こらない。

「驚くべきことに、人体はこれまで経験したことのない宇宙という環境にもなんとか適応しようとします。エピジェネティクスは未知の環境にもすばやく適応し、生き抜くために備わったしくみなのです」とメイソン博士は語る。

地上に帰ってきても もとに戻らない エピジェネティクス・マーク

エピジェネティクスはとても複雑な現象だ。刻一刻とその実態を変化させていく。私たちの身体は、私たちを、あるいは私たちの集団を生存させるために、エピジェネティクスを使って素早く柔軟に変化を起こす。メイソン博士は登山やダイビングの例を語ってくれた。

「山に登ったり、ダイビングをしたりするときに身体が反応する。その対応を一番速やかに行う方法がエピジェネティクスです。高地に行けば、低酸素状態に対応する遺伝子をオンにし、短期間で適応するのを助けてくれるのです」

ところがスコット氏の身体の中では、宇宙から帰還した後でももとの状態に戻らないエピジェネティクスが発見された。その割合は7～8%ほどだという。地球に戻れば、地球環境にあったエピジェネティクスの状態に戻るはずなのに、これはいったいどういうことなのだろうか。

「基本的には宇宙飛行のストレスがエピジェネティクスと遺伝子の変化を引き起こしたと思います。地球帰還後も身体がその経験をまだ記憶しているのではないでしょうか。ゲノムの修復は地球帰還後も続いており、身体が1年分のロスを取り戻そうとしているかのように見えます」とメイソン博士はいう。7～8%のもとに戻らなかったエピジェネティクスは、主にはゲノム修復に関わるものだった。

もとに戻らないもの。この結果はNASAにとって大きな意味をもつ。NASAはこのケリー兄弟の研究を、人類が火星へ到達するための第一歩と位置づけているからだ。宇宙で暮らすことによって、人体の何が変わり、何が変わらないのか。そしてリスクはどこにあるのか。NASAはエピジェネティクス以外にも、生理学、老化に関わるテロメア[1]、mRNAの状況を調べるトランスクリプトーム[2]、タンパク質の総体を調べるプロテオーム[3]、代謝産物の総体を調べるメタボローム[4]、免疫、微生物、心血管、視覚関連、認知に関するデータを25か月間にわたって収集し、長期で宇宙に出たときに人体に起こることを検証しようとしている。多くの項目、そしてたくさんの研究者が参加しているのは、有人飛行で火星を目指すというNASAの大きな目標のためだ。

NASAのプログラムには火星に移住する計画

1: 染色体の末端の、キャップのような役割を果たす領域。細胞分裂のたびに短くなり、テロメアがなくなると細胞分裂が停止してその細胞は死滅する。
2･3･4: それぞれ解析手法の名称。

もあるので、宇宙環境によって変化してもとに戻らないもの、中でも健康に害をもたらすリスクが高いものを見つけ出さなければならない。ケリー兄弟のエピジェネティクスに関する研究から見つかった7～8%の違いは、それらを見つけ出すための重要な鍵となるのだ。人類が宇宙に飛び出して生活する未来が現実的なものになりつつある。

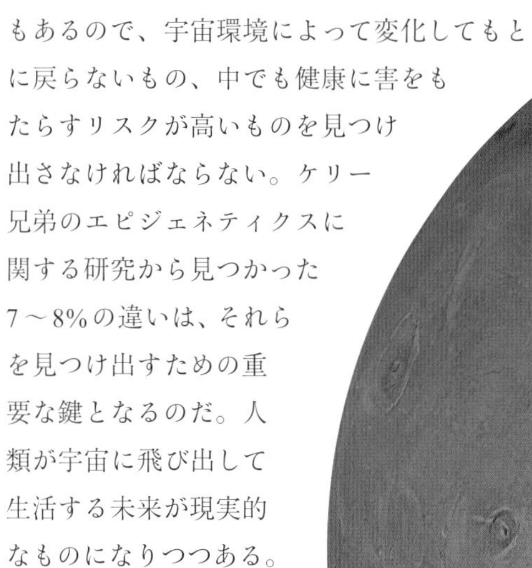

右：NASAでは火星移住を見据えたプロジェクトが進められている。
（画像提供：NASA/JPL/USGS）
下：火星の表面を捉えたパノラマ写真。
（画像提供：NASA/JPL-Caltech）

人類は
テクノロジーでも
ゲノムを
変化させてきた

宇宙における大きな環境変化。ケリー兄弟のNASA双子プロジェクトに参加していたジョンズ・ホプキンス大学基礎生物医学研究所教授のアンドリュー・ファインバーグ博士は、環境とそれに対するヒトの身体の応答について次のように話している。

「私たちは環境の中で生存しています。その環境とは、私たちが吸っている空気や水、食事などに影響されるばかりでなく、私たちの身体の中の細胞が互いに送り出す環境に応答するシグナルにより影響を受け、さらに自分自身の身体の内部も変化するという環境なのです」

禅問答のような言葉に思えたかもしれないが、つまり私たちは食べ物や空気、運動などの環境に左右され、それに応じたエピジェネティクスの変化によって刻一刻と自分自身の状態を変化させているという意味だ。だからこそ、ゲノムならゲノムだけといった限られたものを見ていても、私たちヒトというものを理解することにはならないし、身体の内部だけに目を向けても、真実には近づけない。人体を理解するには、多角的に多方面から自らを取り巻く現象を捉え、それを俯瞰して見直す必要がある。

そのことは、個々人の人体だけに限らない。私たちヒトを取り巻く世界すべて、重力や気温にとどまらず、生きもの同士、人間同士、生き方にまで及ぶ。生命多様性のセーフティネットの話（p.116参照）を思い出して欲しい。環境は広大だ。どのような環境と対峙して生きているのか。おそらく現在であれば、私たちはスマートフォンやコンピュ ータと共存したハイブリッドになりつつある。環境への最適解を見い出すための歩み寄りを、脳を含む私たちの身体は日々行い続けている。私たち人類の歴史は、文字や絵画、農耕や印刷など身近なテクノロジーの発明によって、ゲノムやエピジェネティクスを変化させてきた歴史でもある。

人体は環境に左右され刻一刻と変わっていく。人体を理解するためには、ヒトという生物を取り巻く世界すべてを俯瞰する必要がある。

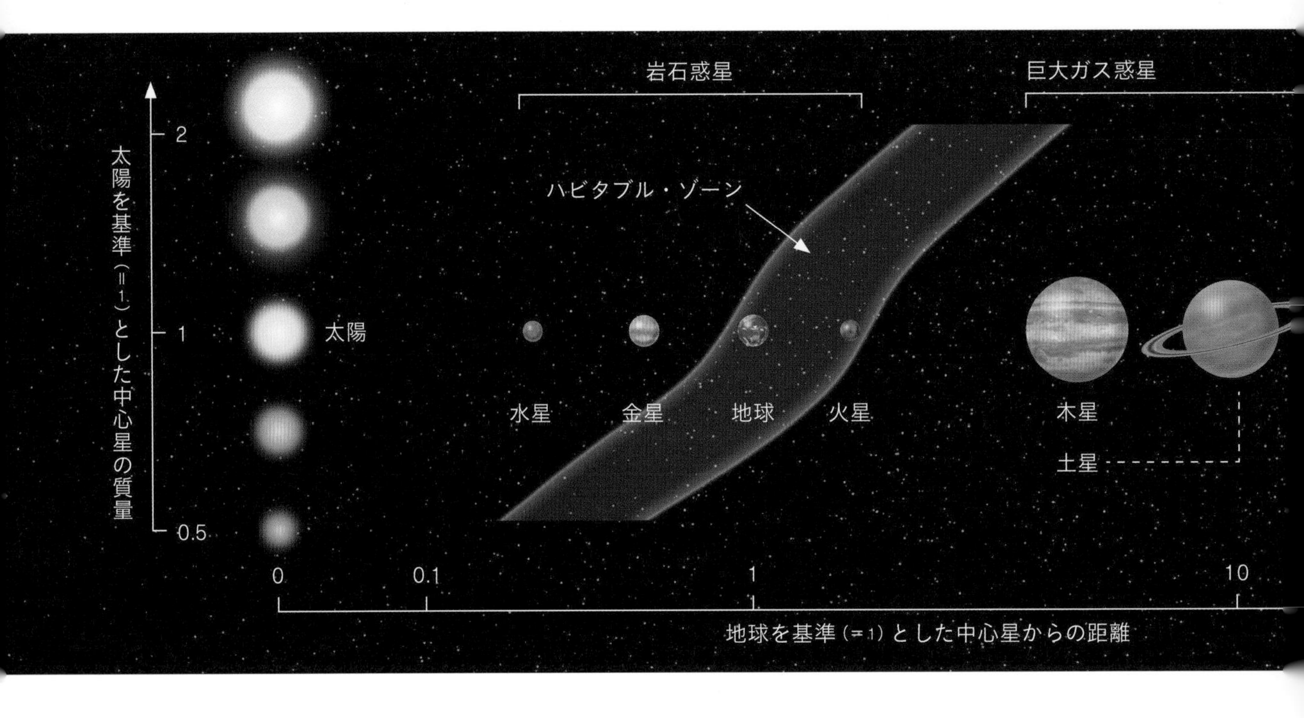

宇宙を仰ぎ、ゲノムを改変する

NASAの双子プロジェクトは長期間宇宙で暮らす人体を把握する、あくまでその第一歩にすぎない。しかし、NASAは宇宙での人体の変化を把握した先に、どのようにそれを克服しようと考えているのだろうか。

そのヒントがNASA双子プロジェクトのエピジェネティクス研究を率いたメイソン博士のウェブサイトに書かれていた。そこには「火星移住に向けた10段階・500年計画」というプランが示されている。荒唐無稽に思えるかもしれないが、私たちの地球は太陽の膨張によって一説によれば17億5000万年後くらいに生命が棲めなくなる可能性がある。少なくともそのときまでに第2の地球が必要だ。そのほかにも予期せぬ天変地異、たとえば6500万年前に恐竜を絶滅させた天体衝突のようなことも起こらないとも限らない。火星軌道は地球軌道よりも外側にあり、水の存在も示唆されていて、第2の地球としては第一候補だ。

メイソン博士は火星移住計画の中で、将来的にいじってはならないゲノムの領域を確定させ、永続的でなおかつ継承されるゲノム変化を起こすために、ゲノムのある領域を追加したり、削除したり、改変することを明言している。また、NASAのスコット宇宙飛行士もこう語っている。

「人間の免疫システムにある種の影響を与えて、免疫システムとがん細胞を闘わせることを可能にすることは、ある意味で私たちの身体に遺伝子工学を施していることと同じです。ですから、人間が長く宇宙で暮らせるように適応する手助けのために、同じようなことをするのは

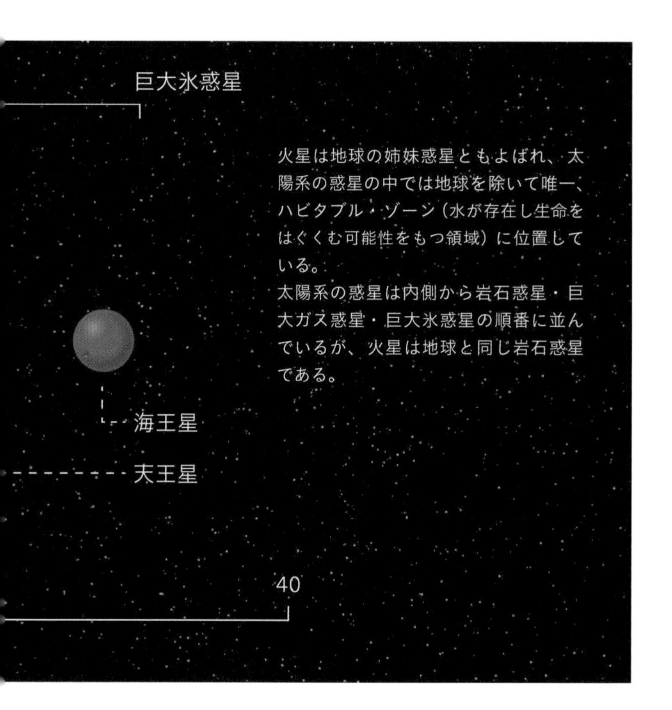

おそらく避けられないことでしょう」

宇宙で長期間滞在する、もしくは永住するために、たとえばゲノム編集などの遺伝子改変技術を使ってゲノムを宇宙で長期間過ごせるように改良したり、肺がんをDNAメチル化酵素阻害剤で治療するように、バイオテクノロジーによってエピジェネティクスを変更したりする未来が予測されている。

メイソン博士は、「火星移住に向けた10段階500年計画」というプランを打ち出し、宇宙でヒトが生きていくためのゲノム研究を進めている。

火星移住に向けた10段階・500年計画

第1段階 2010–2020年	ヒトゲノムがもつ機能の推定を完了する。とくに、ゲノムの中で変更できない配列、あるいは最も柔軟な（突然変異が起きても問題の少ない）配列がどれかということについて、塩基ごとに検討して研究を行う。ゲノムを理解するために、生物間で比較を行いながら進化の観点からゲノムのはたらきを捉え、かつ、たとえば悪性腫瘍のように通常の生物学的機能から大きく外れた疾患に関しての検査を行う。合成生物学とシステム生物学の初期段階である。
第2段階 2021–2040年	この頃になれば、全ゲノムの配列決定と分子特性解析の技術はありふれた安価なものになり、かつ精度も高まると推測される。したがって、取り組むべきこととしては、よく起こるものからまれなものまでのあらゆるゲノムの変異に関して、それらがヒトゲノムに与える影響を含めて文脈化する方法に焦点を当てていくことになると考えられる。新たな塩基配列を哺乳類のゲノムに組み込む取り組みを開始する。
第3段階 2041–2050年	ヒトにおける長期的な遺伝子工学の試験を開始する。
第4段階 2051–2060年	宇宙環境の中でヒトゲノムを保護するための実験を行う。
第5段階 2060–2100年	ほかの惑星への定住と合成ゲノムの生成を開始する。
第6段階 2101–2150年	極寒や高温の環境、あるいは酸性や塩基性の環境に耐えるための新しいゲノムの生成を推し進める。
第7段階 2151–2300年	地球に似た惑星への種まきの手始めとして、新しく生成したゲノムを送り出す（これは、地球の最初の生命は宇宙からもたらされたと唱える胚種広布説に則るかのようだ）。
第8段階 2301–2400年	種まきを行ったこれらの新しい世界へ、人間を送り出し始める。
第9段階 2401–2500年	人間が新しい太陽系で居住する。これは未来システムのモデルとなる。
第N段階 宇宙の終わり	宇宙のインプロージョン（急激な収縮）やエントロピー（崩壊）による死を防ぐべきか、それとも生命が再び発生することを期待して自己破壊を受け入れるべきかを決定する。これは最も難しい問題である。

（The Mason Lab, http://2011.igem.org/Team:NYC_Software/Tools/Colonization より訳・一部改変）

賽(さい)は投げられた

実際に私たち人間は、すでに必要に応じたゲノムの改変に着手している。海外では遺伝子組み換えしたトウモロコシなどは飼料として利用され、日本でも、ゲノム編集のうち狙った遺伝子を切断する形で製造された食品は、罰則のない任意の届け出だけで流通できるという方針が2019年に決定された。ゲノムを改変するテクノロジーは、来たるべき食糧難に対する解決の糸口として大きな期待が寄せられている技術だ。

こうしたゲノム編集技術がヒトへ応用される未来は遠からず訪れるだろう。初めは緊急度の高い医療に用いられることから始まる。医療の面でも、非常に期待の大きな技術であることは間違いない。悪化してしまった難しいがん患者や、重篤な先天性疾患を抱えた子どもたちのため、きわめて人道的にテクノロジーは使われるだろう。しかし、そうした重篤な例で使われ、実施例が増えていくうちに、遅かれ早かれ誰かが暴走を始める。たとえば、受精卵にゲノム編集を施し、子どもを誕生させたある研究者のように。そうした暴走が繰り返されていくうちに、いつしかそれらは当たり前のものになってしまう。ゲノム編集を施された受精卵から子どもが誕生したというニュースは、くしくもこの番組制作期間中に世界中を駆けめぐった。

ゲノム編集は、ごくごく簡単にいうと、狙った場所に遺伝子を入れたり、また狙った遺伝子を壊したりできる技術だ。2018年、まだ倫理や安全性の面で問題も多いこのゲノム編集という技術を使って、中国の研究者がHIV（ヒト免疫不全ウィルス）の感染を抑える遺伝子の改変を受精卵に行った。そしてゲノムを改変した子どもたちはすでに誕生している。

このゲノム編集で改変された遺伝子は具体的には、第1集で取り上げたHIVに暴露されながらも感染しない人たちから発見された「CCR5受容体」というタンパク質（p.96参照）に関するものだった。細胞に侵入するとき、HIVはCCR5受容体を利用する。そのため、CCR5受容体がなければHIVは細胞に侵入することができないことはわかっている。しかし、現在の医療技術では、たとえ両親がHIVに感染していても胎児には感染しないように出産させる方法がすでに存在する。つまり、必要な治療ではないことのために受精卵に対するゲノム編集を行い、胎児の命を危険にさらしたということになる。ゲノム編集では、DNAの意図しない場所に変異が入るという報告などもある。また、ゲノム編集を施されて生まれた子たちが将来子どもを産み、同じ変異をもったゲノムが子孫に伝わっていくことにも大きな懸念がある。まだ技術自体が不安定で、ヒトに対して及ぼす影響の検証も不十分な状況での実施だった。受精卵へのゲノム編集は予期せぬ障害が起こるとも限らず、枚挙にいとまがないほどの問題点があり、世界中の科学者から激しい批判を浴びた大事件となった。

こうした遺伝子工学的なテクノロジーに伴うゲノムの改変については、1975年に開かれたアシロマ会議による「生物封じ込め」や、遺伝子組み換え生物による生物多様性破壊を防ぐ目的で2003年に締結されたカルタヘナ議定書など、専門家たちがさまざまな議論を重ねた上で作られてきた取り決めがある。受精卵へのゲノム編集は、こうした世界の流れから大きく逸脱するものだ。

この事件について、ゲノム情報をもとにした顔シミュレーションを作成してくれたタン・クン博士に話を向けてみた。タン博士はかつてマックス・プランク研究所で人類学を研究していた経歴をもつ。歴史という悠久の時の流れと人類のゲノムについて、少なからず考えをめぐらせてきたはずだ。

「しかしこの流れは止められないだろうね」もちろん、今の段階で受精卵にゲノム編集を行うことはまったく承服できないと断わった上でのことだ。たとえば整形手術が一般的になっているように、こうした流れを止めることは決してできないだろうとタン博士は答えた。

タン博士の言うように、整形手術ももともとは医療として、火傷の痕や傷跡などの治療の一環として行われたものだった。それがいつしか美しさという果てのない目的のために使われるようになった。初めは慎みをもって行われたものも、いつしか当たり前のものとして変質していくのが、人類のこれまでのテクノロジーとの付き合い方だ。

宇宙飛行士のスコット氏は取材時にこうも述べていた。「人間の身体はとても複雑ですが、驚くべきこともできます。宇宙に進出するという驚異的なこともやり遂げていますよね。一方で、酷いことをする能力もまた抜きん出たものがありますけれどもね。でも、それが自然なのだと思います。これまでは母なる自然環境だけが私たちの進化をコントロールしてきましたが、私たちもある程度はコントロール出来るようになったのです。これが長い期間にどのような結果をもたらすかは、興味深いことですね」

まずは善意で使っていたそのテクノロジーが有効だと言うことがある程度見えてくると、次にはそのテクノロジーを応用し、まったく異なる段階への使用を始める。最初は土木工事のための道具だったダイナマイトが戦争で武器として使われたように、予想もつかない方向へと転用は行われる。

私たちは指針なきまま岐路を通り過ぎ、無防備なまま方向を定めて歩き始めているようだ。遺伝子改変を含む生物工学的なテクノロジーは、明らかに次世代の環境を大きく変えていく。これまで人類は、土地を耕し、動植物を品種改良して農耕を始め、鉱物を採掘して、地球環境を改変してきた。そしてついに、ヒトゲノムというアンタッチャブルであった領域を改変する手段も手に入れた。環境と遺伝子、それを結ぶエピジェネティクス。このすべてを自在にとまでは行かずとも、操れるようになっているのが今という時代だ。それ以前まで、ゲノムは少なくとも長い歳月の中での合理性を体現したものだった。しかし、生物工学を使えば、悠久の歳月を無視し、進化の時間の流れから見れば瞬間的にゲノムを改変できてしまう。私たちは自分という環境も含めた、周囲の人々、社会、世界の中で自我を確立している。すべてがある程度思い通りに改変できる時代になっているとしたら、何を望むのか、望むべきはどういう道なのかが、次の時代を決めて行く。自分としてどう生きるのか、人間という集団としてどう生きるのか。これほど哲学が問われている時代はない。賽は投げられている。これについて、長く思考をめぐらせている人はいるとしても、どうするべきかという正解を知っている人はおそらくいない。

あなたの行動は、社会をつくり出すアルゴリズムの一つである。アルゴリズム同士も相互に関係し、社会という大きな流れをつくる。その拠り所でもあったゲノムを改変する手段を手にしたのだ。考えないこと、決断しないことも、一つの実行プログラムになっていく。私たちはあまりにも無自覚に、時代の分岐点を駆け抜けていないだろうか。気がつかないうちにこのテクノロジーも、私たちの生活を支えるものになりつつある。

第1集あとがき

2020年1月、NHKスペシャル『シリーズ「人体」Ⅱ　遺伝子』の書籍化の編集作業中に、予期せぬ事態が世界中を襲った。新型コロナウイルス感染症のパンデミック（世界的大流行）だ。中国の武漢市で感染症が拡大した当初から、私自身もNHKスペシャルで緊急報告の番組制作を開始し、それを皮切りとして今なお新型コロナウイルス関連の特集番組の取材に取り組んでいる。その中で、痛感していることが一つある。それは、本書に描かれている、最新のゲノム解析がひらく新たな生物学の世界を知ることが、この未知の新型ウイルスと向き合う上できわめて重要であるということだ。

本書は、私たちの命の根幹をなす遺伝子の神秘のしくみを活写したものであるが、それを解明する科学技術の進歩が、新型コロナウイルス感染症と闘う上でもいかに大きな武器になっているかについてここで触れてみたい。

第1集part 1で描出されているのは、近年のゲノム解析技術の飛躍的進歩についてである。象徴的なのは、ゲノム情報からその持ち主の顔を浮かび上がらせる研究だ。従来の遺伝子解析からは、瞳の色や肌の色、髪質など断片的な情報しかわからなかった。しかしヒトの膨大なゲノム情報のすべてを読み込み解析することで、顔立ちを精緻に再現する技術が生まれようとしているのだ。番組収録前の打ち合わせのとき、司会の山中伸弥さんも、その最新の精度にかなり驚かれていた。遺伝学を専門とされる山中さんでさえ把握しきれないほどの急速な進展が、この分野にはしばしばある。

新型コロナウイルスと科学との対峙もゲノム解析から始まった。2019年12月に最初の感染者が確認された後、1月初旬にはウイルスの完全なゲノム配列情報が決定された。即座にウイルスの構造が同定され、感染時に重要なはたらきをするスパイクタンパク質の構造解析などから、ヒトへの感染のしくみが次々に解明されていった。さらに、この配列情報の公開とほぼ同時に、世界中でワクチン開発がスタートした。ヒトに比べたらウイルスのゲノム情報はごくわずかだが、これほど迅速にゲノム配列が解読されさまざまな分野に展開できたのは、ゲノム解析の技術革新ゆえにほかならない。

その後も、科学者たちは次々に変異し続けるウイルスゲノムをリアルタイムで追跡。そこから、ウイルスの詳細な伝播ルートが明らかになっている。さらに、ウイルスの変異によって、感染力や病原性にどのような変化が生じているかに関する研究もさかんに行われている。高度なゲノム解析なくして、刻々と変異する敵の正体を捉えることはできない。正体を捉えずして、闘いに備えることもできない。

part 2では、私たちのゲノムに秘められた驚異の能力と多様性について描いている。インドネシアの海の上で暮らすバジャウは驚異的な潜水能力を持ち、南米アンデスで、湧き出す水に猛毒のヒ素が高濃度に含まれている地域では、人びとがヒ素の解毒能力をもっている。こうしたことを可能にするのは、彼らがもつゲノム配列のほんのわずかな違いである。陸に上がらず海の上で暮らすといった特殊な環境下において、特定のDNAが自然選択により広がったと考えられている。part 3では、ゲノムのわずかな違いが、どのようなしくみで多様な体質の変化を引き起こすのか。part 4では、私たちの誰もがおよそ70個の新たな突然変異を生まれもつことの意味と、生物多様性の医学応用など“トレジャーDNA”の意義をさまざまな角度から論じている。

新型コロナウイルス感染症の謎の一つが、人口あたりの感染者数や死者数に、大きな地域差や民族差があることだ。感染しても多くの人が軽症や無症状で済むのに対し、一部の人では重症化が一気に進み死に至る。こうした人による重症度の違いに関しては、宿主である人間のゲノムの多様性が一因ではないかと考えられる。つまり、ウイルスに暴露しても、生まれながらにして感染しにくい人や感染しても重症化しにくい人がいる可能性があるのだ。ほかの感染症でも、その人がもつDNAによって、マラリアに感染しても重症化しにくい人やHIVに暴露しても感染しない人がいることが知られている。そう考えると、新型コロナウイルスに対する感受性も、DNAによって生じている可能性は十分にある。新型コロナウイルスへの耐性をもたらすDNAは、本書でいうところの“トレジャーDNA”とよべるものかもしれない。世界100か国以上が参加する大規模なホストゲノム解析プロジェクトが、新型感染症の大きな謎の解明に挑んでいる。

第1集のクライマックスは、「生命には新しい変化を受け入れるしくみが保存されている」という、“潜在能力の貯蔵庫”としてのゲノム多様性の意義である。致死的な感染症のパンデミックに襲われたとき、自然選択によってその病原体に耐性をもつ人が生き残る。そうして人類はゲノム多様性を広げ続けることで、これまでにもさまざまな感染症を生き抜いてきたに違いない。

しかし現在の人類は、自然選択によってこのパンデミックを乗り越えるという道はもちろん選ばない。淘汰を最小限にすべく、科学の力で乗り越える。そこには、もしかするとpart 4で紹介した“ヒーローDNA”のような発想が鍵になる可能性もある。ウイルスに感染しにくい人や重症化しにくい人の体の秘密が解明されれば、新たな治療法の開発などにも役立てられる。

「人体」シリーズ以来、新型コロナウイルス関連の番組でも山中伸弥さんとご一緒させて頂いている。その際、山中さんは「未知のウイルスに対する科学的知見は日々変化する。自分の考えやこれまでの科学的知見が間違いだとわかったら、それを認めて次の手を打つ。そういう謙虚さが大切だ」と仰っていた。私たち人類が未知のリスクに対峙したとき、科学の果たす役割の大きさに改めて気づかされると同時に、科学がすぐに真実として提示できることは必ずしも多くはないことも知っておかねばならない。しかし、科学はそうした事態のためにも日々謙虚に着実にエビデンスを蓄積していくものだ。本書で紹介するゲノム科学領域には間違いなく、感染症をはじめ未知の病、治療法のない病に人類が立ち向かうための叡知が詰まっている。

第1集制作ディレクター　白川裕之

第2集あとがき

このあとがきを書いている2020年5月上旬、新型コロナウイルスの登場によって、世界の様子は一変してしまっています。突如現れた未知のウイルスと人類との闘いを見るにつけ、「私たちは自然を超越した存在」というような人間至上主義的な考え方がいかに浅はかなものであるかを痛感しています。それと同時に、太古の昔からウイルスとせめぎ合い、共存しつつ進化してきた「生命」や「人体」というものの底知れぬ不思議さも感じずにはいられません。今回の書籍のベースになったNHKスペシャル『シリーズ「人体」Ⅱ　遺伝子』は、まさにその不思議さや神秘に満ちた人体の“設計図”である遺伝子の世界に、最新の研究や映像技術を駆使して迫ろうという企画でした。

私が担当した「エピジェネティクス」という分野は、遺伝子研究の中でも最も新しく、ホットな分野の一つです。その新しさゆえにまだわからないことも多いのですが、リサーチや取材を進めている最中にも次々と新たな研究成果が発表されていくさまは、エキサイティングでもありました。ただし、そうした最新の知見をそのまま紹介していくだけでは専門家ではない私たち一般人にとっては難解すぎますし、あまり魅力的な内容にはなりません。番組を作るにあたり最も大切なことの一つは、「軸になるテーマは何か？」ということです。その描くべきテーマをはっきりと教えてくれたのは、取材の過程で話を聞いた、世界的な研究者の方々の言葉でした。

その一人、スペインのベルヴィッジ生物医学研究所のマネル・エステラー博士は、こう言いました。

「私たちは赤ちゃんから大人になるまでどんどん変化していきますが、もって生まれた遺伝子そのものは変化しません。では、いったい何が違いをもたらすのか。その謎の正体こそがエピジェネティクス、すなわち、遺伝子のはたらきをスイッチのようにオンにしたりオフにしたりするしくみであることがわかってきたのです。だからエピジェネティクスは、まさに『運命』を変えるしくみであり、人間を人間たらしめている根源的なしくみなのです」

また、アメリカのジョンズ・ホプキンス大学のスティーブン・ベイリン博士は、こう説明してくれました。

「遺伝子に書き込まれた情報は、いわば音楽の譜面のようなものです。今まではそこに何が書かれているのか、どんな意味をもっているのかを必死に研究してきました。しかしそれだけでは不十分で、その譜面のどこを読んで、どんな演奏をするかが大事なのです。まったく同じ譜面からでも、演奏の仕方によって、異なる音楽が生まれます。生まれもった遺伝子と、私たちの『運命』や人生の関係も、そういうものなのです」

最先端科学の研究者たちが口にした「運命」という言葉。それがエピジェネティクスの不思議なしくみをご紹介する上でのメインテーマになりました。

「(遺伝的な意味で) 私たちは自分の運命を変えられるのか？」

運命という言葉には本来、自分では変えられない、逆らいようのない「神様の決めた定め」という意味合いが含まれています。そして、その決定論的な意味合いは、遺伝子のもつイメージと結びついてきました。親から受け継ぎ、生まれもった遺伝子こそがさまざまな能力や性格、体質や病気のなりやすさなどを決めるものであり、「まさに運命を決めるものの正体の一つ」という考えが広まったのです。「カエルの子はカエル」というわけです。

一方、そうした従来の常識を、エピジェネティクスは覆しつつあります。これまでは「生まれもった遺伝子は死ぬまで不変」であり、ゆえに「運命を決めるもの」とされてきました。しかし実は遺伝子には、そのはたらきをまるでスイッチのように変えるしくみ、いわば“運命を変えるしくみ”があることがわかってきたのです。「トンビがタカを生む」ことを可能にするメカニズムも、私たちの体の中に備わっていることになります。

いったいどちらが正しいのか。大切なのは、生まれか、育ちか？

その答えは、「どちらも正しい」ということだと思います。祖父や親と顔がそっくりだったり、似た体格や体質だったりと、遺伝によって決まる程度が大きいものもあります。一方で、さまざまな能力や性格など、遺伝によって決まる程度が小さい、あるいはほとんど関係ないと思われるものもあります。そこでは、どんなふうに育ったかという「広い意味での環境」の影響が大きくなります。生まれと育ちは独立した別々のものではなく、お互いが密接に影響を及ぼし合いながら私たち一人一人を作り出している。そして、それを可能にしている柔軟でしなやかなしくみこそが、エピジェネティクスなのではないかと思います。先祖から受け継いできた「変わらないもの」と、環境の変化や一人一人の努力によって「変わるもの」。どちらも自分の体の中にあると思うと、神秘と希望を感じます。

最後になりましたが、今回の取材にご協力くださった先生方、共に走ってくれた制作スタッフの皆さん、そしてこの本を実現させてくださった医学書院の皆様、ありがとうございました。この場を借りて心より御礼申し上げます。

第2集制作ディレクター　末次徹

書籍執筆／リサーチャー：
坂元志歩（さかもと しほ）

サイエンスライター・サイエンスコミュニケーター・編集者。長野県飯田市に生まれ、東京で育つ。都立新宿高校、日本女子大学卒業。国立予防衛生研究所（現・国立感染症研究所）研究員、東京大学先端科学研究所助手などを経て、研究を伝えるコミュニケーターとして活躍。1997年より科学雑誌『Newton』で、ライター・編集者として多数の記事を制作し、シニアエディターを経て2003年に独立。ライター業と並行して、NHKの大型科学番組にリサーチャーや番組書籍の執筆者として携わる。生命科学を専門とし、現在は生物学を通じた哲学にもテーマを広げて活動を行っている。
主な担当番組は、NHKスペシャル『シリーズ「人体」』『女と男～最新科学が読み解く性～』『ヒューマン なぜ人間になれたのか』『プラネットアース』など。著者に『ドキュメント 深海の超巨大イカを追え！』（光文社新書 2013）、『うんちの正体 菌は人類をすくう』（ポプラ社 2015）、『いのちのはじまり、いのちのおわり』（化学同人 2010）などがある。

noteの「世界を歩く」（ https://note.com/sekaiwoaruku）で、科学エッセイを執筆中。

制作統括：
浅井健博（あさい たけひろ）
NHK大型企画開発センター チーフ・プロデューサー。慶応義塾大学卒業。1994年NHK入局。主な担当番組は、NHKスペシャル『シリーズ「人体」』『足元の小宇宙～生命を見つめる 植物写真家～』『腸内フローラ～解明！驚異の細菌パワー～』『ママたちが非常事態！？～最新科学で迫るニッポンの子育て～』『新島誕生 西之島～大地創成の謎に迫る～』『シリーズ「秘島探検」東京ロストワールド』など、科学ドキュメンタリーを多数制作。放送文化基金賞、科学技術映像祭、科学放送高柳賞などを受賞。

制作統括：
鈴木心篤（すずき むねあつ）
NHK制作局第3制作ユニット チーフ・プロデューサー。東京大学文学部卒業。2001年NHK入局。科学・生活情報番組を多数制作。主な担当番組は、『ためしてガッテン』、『ガッテン！』、『サイエンスZERO』、NHKスペシャル『火星大冒険 生命はいるのか？』、コズミックフロント☆NEXT『大冒険！はやぶさ 太陽系の起源を見た』、『難問解決！ご近所の底力』、『生活ほっとモーニング』、『ワンダー×ワンダー』などがある。

第1集 制作ディレクター：
白川裕之（しらかわ ひろゆき）
NHK大型企画開発センター ディレクター。京都大学大学院農学研究科修了。2004年NHK入局。科学・医療・自然分野のスペシャル番組およびエンターテインメント番組を多数制作。主な担当番組は、『ためしてガッテン』、『おしえて！ガッカイ』、『ダーウィンが来た！』、大自然ロマン 地球の旅『謎の海鳥 命のドラマを見た～宮崎・ 枇榔島～』、NHKスペシャル『シリーズ「人体」Ⅱ 遺伝子』『タモリ×山中伸弥 人体VSウイルス～驚異の免疫ネットワーク～』など。著書に『IoTクライシス サイバー攻撃があなたの暮らしを破壊する』（NHKスペシャル取材班・著／NHK出版 2018）などがある。

第2集 制作ディレクター：
末次 徹（すえつぐ とおる）
NHK制作局第2制作ユニット チーフ・プロデューサー。東京大学大学院理学系研究科修了。2003年NHK入局。大型企画開発センター ディレクターを経て現職。主にドキュメンタリー番組を手がけ、ハイビジョン特集『奇跡の山 富士山』、「プロフェッショナル 仕事の流儀」では『考古学者・ 杉山三郎』『水中写真家・中村征夫』『歌舞伎俳優・市川海老蔵』など、クローズアップ現代『生物に学ぶイノベーション～生物模倣技術の挑戦～』、NHKスペシャルでは『謎の古代ピラミッド～発掘・メキシコ地下トンネル～』『シリーズ「人類誕生」』『シリーズ「人体」Ⅱ 遺伝子』などを制作。

NHKスペシャル
シリーズ「人体」Ⅱ
遺伝子
制作スタッフ

国際共同制作：
CuriosityStream（アメリカ）

第1集
あなたの中の宝物
“トレジャーDNA”

取材協力：
新学術領域「クロマチン潜在能」
東北メディカル・メガバンク機構
日本蛋白質構造データバンク
DeNA
キヤノン
日立ハイテク
横河電気

Joaquim Calado
Melissa Ilard
井元 清哉
大川 恭行
太田 博樹
長田 直樹
鎌谷 洋一郎
木村 宏
木村 亮介
甲賀 大輔
小林 武彦
須谷 尚史
高田 彰二
高田 史男
立和名 博昭
土屋 恭一郎
津金 昌一郎
徳永 勝士
中川 潤一
秦 健一郎
平野 勉
前島 一博
宮野 悟
山崎 浩史
吉成 浩一
米澤 隆弘

映像提供：
Gray Television Group,Inc.
Nanolive
Parabon NanoLabs,Inc.
Rocky Conly LLC
Shutterstock
桜映画社
西村 智
山縣 一夫

音楽：
川井 憲次

語り：
仲野 太賀
久保田 祐佳
題字：
西山 佳邨
声の出演：
81プロデュース

技術：
五十嵐 正文
照明：
北村 匡浩
映像デザイン：
阿部 浩太
CG制作：
築地Ryo良
（以上、スタジオパート）

撮影：
高山 直也
照明：
増田 隆
映像技術：
橘川 勇太
映像デザイン：
倉田 裕史
VFX：
高畠 和哉
CG制作：
吉森 元洋
音声：
緒形 慎一郎
音響効果：
米田 達也

コーディネーター：
上出 麻由
リサーチャー：
相川 はづき
取材：
坂元 志歩
平川 敦士
編集：
森本 光則

ディレクター：
白川 裕之
制作統括：
浅井 健博
鈴木 心篤

第2集
“DNAスイッチ”が
運命を変える

取材協力：
新学術領域「クロマチン潜在能」
日本蛋白質データバンク
日立ハイテク
横河電機
読売新聞社・日本将棋連盟

Andrew P.Feinberg
石井 俊輔
牛島 俊和
大川 恭行
太田 邦史
岡田 由紀
木村 宏
胡桃坂 仁志
甲賀 大輔
佐々木 裕之
高田 彰二
武田 洋幸
立和名 博昭
土屋 恭一郎
中尾 光善
中山 潤一
西田 栄介
原 純一
山縣 一夫

映像提供：
Getty Images
NASA
Robert Markowitz
ROSCOSMOS
Shutterstock
ミオ・ファティリティ・クリニック
吉田 嗣郎

音楽：
川井 憲次
語り：
仲野 太賀
久保田 祐佳
題字：
西山 佳邨
声の出演：
81プロデュース

撮影：
世宮 大輔
技術：
五十嵐 正文
照明：
中井 智行
映像デザイン：
阿部 浩太
CG制作：
築地Ryo良
（以上、スタジオパート）

撮影：
鈴木 裕高
照明：
萩野 真也
映像技術：
橘川 勇太
映像デザイン：
吉田 まほ
VFX：
高畠 和哉
CG制作：
増村 美都
音声：
緒形 慎一郎
音響効果：
米田 達也

コーディネーター：
早崎 宏治
リサーチャー：
小西 彩絵子
取材：
坂元 志歩
福原 暢介
編集：
荒川 新太郎

ディレクター：
末次 徹
制作統括：
浅井 健博
鈴木 心篤

Special Thanks：
青木 拓也
青木 宗大
秋元 純一
朝木 翔
石井 太郎
井上 亜木
江口 麻美
荻島 秀明
小田島 佑樹
片山 裕太
鎌倉 廣幸
木佐木 なつ子
栗原 洋介
小杉 奈雄
コバヤシ タケル
小柳 健次郎
今野 由美子
佐々木 誠司
佐藤 美美奈
シーナ アキコ
清水 美代子
瀬戸山 七海
竹内 冠太
立石 従寛
田所 日菜子
田中 夏仁
程 淑花
土居 建治
徳永 賢太
中澤 嶺花
長澤 崇代
中野 亮太郎
西川 彰一
沼倉 啓吾
長谷川 真吾
服部 泰仁
宝珠山 陽太
細野 陽一
前田 隆久
前田 文美
牧野 和典
正井 淳之
松下 猛
松本 健太郎
松本 祐樹
松山 美和子
宗片 純二
村川 明里紗
諸星 厚希
矢島 ゆき子
矢部 和音
山中 ミサ
吉沢 朗
李 岳林
和田濱 裕之

書籍・編集協力者

編集協力：
兵藤 香（NHKエンタープライズ）

CGデータ提供：
日本蛋白質構造データバンク

装丁・本文デザイン：
守屋 圭

図版制作：
日本グラフィックス

●本書は、2019年5月に放送された下記番組の内容を書籍化したものです。

NHKスペシャル
シリーズ「人体」Ⅱ
遺伝子

第1集
あなたの中の宝物
“トレジャーDNA”

第2集
“DNAスイッチ”が
運命を変える

●書籍化にあたっては、適宜、最新情報や補足情報を取り入れるとともに、写真・図版・イラストなどを新たに加えたところがあります。

●本書に記載している研究者等の肩書や年齢は、番組放送当時のものです。

●本書内に掲載している動画のURLやQRコードは、予告なしに変更・修正、または配信の停止が行われる場合もあります。

※本書に記載している治療法・医薬品などに関しては、出版時点における最新の情報に基づき、正確を期するよう、著者、編集者ならびに出版社は、それぞれ最善の努力を払っています。しかし、医学、医療の進歩から見て、記載された内容があらゆる点において正確かつ完全であると保証するものではありません。本書記載の治療法・医薬品がその後の医学研究ならびに医療の進歩により本書発行後に変更された場合、その治療法・医薬品による不測の事故に対して、著者、編集者、ならびに出版社は、その責を負いかねます。